通信[illegible]日本史

古代から現代までを読み解く

関東通信工[illegible]締役
玉原輝基
Tamahara Teruki

かざひの文庫

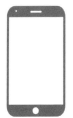

はじめに

本書を手に取っていただき、ありがとうございます。

わたしは現在、通信系の会社を経営しているのですが、もともと歴史が好きで、仕事とは関係なく歴史の本もよく読んでいました。たまたま仕事の関係もあり、いま話題の「5G」関連の本を読んでいるなかで、移動通信システムにおける1Gから4Gまでの歴史の概略が書かれているのを目にしました。

そのときにふと、

「電話などの通信の歴史はどうなっているのだろう?」

と思い立ち、書籍を探してみたところ、専門的な本はあるものの、内容が難しく、一般の読者向けの本は見つかりませんでした。

はじめに

「それなら、自分で通信の歴史の本を書いてみよう」

と思ったのが、本著を執筆するに至ったきっかけです。

そもそも、「通信」とは何でしょうか？

誰かに何か情報を伝えたいとき、相手が近くにいるならば直接話しかけるでしょう。でも、もし相手が近くにいない場合は、いまなら携帯に電話をするか、あるいはＬＩＮＥでもするでしょう。ひと昔前なら、手紙を書くかあるいは電報を打ったのかもしれません。

つまり、情報伝達のうち、直接会って情報を伝えるのではなく、遠方にいる相手に何らかの媒体を使って情報を伝達することが「通信」であるということです。

本著はエンジニア向けの専門書ではなく、一般の読者向けに書きました。技術的なことよりも、社会的な側面に焦点を当てています。

とくに学生さんや若い社会人が「通信」に興味を持ち、同時に「日本」の歴史に触れる機会になれば幸いです。

２０２１年10月　玉原輝基

古代から現代までを読み解く　通信の日本史　目次

第2章 近代　1868年（明治維新）～

第3章　現代　1985年（通信自由化）〜

序章

日本文明と時代区分

日本文明と文明のベルト地帯

「奇跡の大地」で独自の発展を遂げた日本文明

「日本史」というのは、日本文明の発展の過程を整理したものです。

日本は島国で小国であると思われがちですが、これは誤った認識ではないでしょうか。

世界史的に見て、旧大陸（ユーラシア、アフリカ大陸）および周辺地域の北緯30度から40度が文明の中心地です。これをわたしは「文明のベルト地帯（わたしの造語です）」と呼んでいますが、じつはこの文明のベルト地帯で大陸に次いで広い陸地が日本列島なのです。

しかも日本列島は、自然環境が豊かで人間の生活に適した土地です。大陸では、常に侵略やジェノサイド（殺戮）が繰り返され、幾多の民族が興隆し滅亡していきましたが、日本列島は大陸からの亡命者を受け入れつつ、独自の文明を発展させていきました。

そしてユーラシア大陸全般に吹き荒れた北方騎馬民族の侵略を受けることなく、連続した文明を築きあげたことこそ、日本文明の特色であると言えます。

日本文明のこの特色は、地理的な要因によるのでしょう。朝鮮半島と九州の間の対馬海峡は全体では約２００キロで、その間に対馬と壱岐の2島がほぼ等間隔で浮かんでいます。文化は伝播しても、軍事的侵略は困難な距離であって、これはまさに天の采配ではないでしょうか。

日本列島は「奇跡の大地」なのです。

日本国の建国はいつか？

「日本建国」は、西暦701年（大宝元年）ではないか

日本は「連続して現在まで続く最古の国家」であると言われていますが、その建国はいつだったのでしょうか。

日本の「建国記念の日」は2月11日で、戦前は紀元節と呼ばれていました。これは、わが国最初の正史である『日本書記』において、西暦紀元前660年元旦に神武天皇が初代の天皇に即位したと記されていることにちなんで、その日を近代の暦に換算して制定したものです。

歴史学者によれば、初期の天皇の統治期間は大幅に延長されているようですし、

書いてあることが事実かを確かめることもできません。

では、事実としての日本国の建国の年はいつでしょうか？

わたしはそれを、西暦７０１年（大宝元年）の大宝律令制定の年だととらえています。なぜなら、この年に日本の国号と天皇の君主号と大宝の年号との３つが正式に揃い、当時の東アジア世界における主権国家としての条件である律令国家として成立したからです。

日本の国号と天皇の君主号は、国内的にはもう少し前から使用されたかもしれませんが、国際的に正式に告示したのがこの年なのです。

また、年号は６４５年の大化が最初の年号とされていますが、のちに年号は使われなくなり、７０１年の大宝から現在の令和まで連続して年号が使われています。

つまり、事実上日本の年号は大宝からはじまっているのです。

「神武建国」を大切にしつつ、701年以降の歴史を紐解く

わたしは、神武建国の年を否定しているわけではありません。民族にとって神話や伝説はとても大切であり、「建国記念の日」も大切にすべきだと考えています。また、事実上の建国を701年としたとしても、前身となる国家はその数百年前から存在しており、王統や国家体制も断絶しているわけではなく、あくまでも連続しています。

それでもやはり、701年を事実上の建国の年とするのは、現在に続く日本国家の根本がこの年に成立したと考えるからです（厳密には、7世紀までは倭国であって日本国ではないのです）。

ですから、本書『通信の日本史』では、この701年の律令国家成立以降の歴史を対象として、紐解いていきます。

本書の時代区分

本書の区分は①古代〜近世、②近代、③現代とする

通信にとっての最初の革命的な出来事は、「文字」の発明でしょう。

文字の発明により、人類は言葉を記録して大量の情報を伝達することができるようになりました。また、国家が成立したことで、文字による情報を管理するシステムもつくられたのです。

「歴史」もまた、文字によって情報を管理できるようになりました。歴史は、時間軸に沿った情報伝達ですから、通信とも言えるのです。

本著では、律令国家の成立から明治維新前までを「古代から近世」とします。

通信にとって二番目にしておそらく最大の革命は、「電気通信」の発明です。電気通信の発見によって、はじめて物質が移動することなく情報を伝達することができるようになり、通信と交通が分離されました。また、距離に関係なく、情報を瞬時に伝達することが可能となったのです。

これが明治維新以降の時代であり、「近代」とします。

そして第三の通信革命は「通信の自由化」によるインターネットや情報通信技術の急速な発展がもたらす「情報通信革命」です。「いつでもどこでも誰とでも」通信できる世界を目指している時代、すなわち通信の自由化以降の時代を「現代」とします。

次章から、それぞれの時代における通信の発展を見ていきましょう。

1章

古代～近世

701年～1867年

律令国家成立前の通信

古代の通信インフラである「駅制」は聖徳太子の時代から

最初に、大宝律令が定められた西暦７０１年（大宝元年）から日本の歴史をお伝えすると言いましたが、その前に、まずは律令国家成立前の通信についてお話ししておきます。

わたしたちの重要な交通手段のひとつに、「電車」があります。目的地へ行くときには、電車に乗って最寄りの「駅」まで行き、あとは歩いたりバスに乗ったりしますね。

この駅という言葉の語源は、「早馬《はゆま》」というものだったという説があります。早馬に乗った使いの人が、「駅家《やくか》」という施設で早馬を乗り継いで文書などを運んだ。この駅家が、のちに「駅」と呼ばれるようになったという説が有力です。

このような制度を「駅制」と呼びますが、この制度が整備されはじめたのは西暦645年の大化の改新以降とされています。でも、それ以前の聖徳太子の時代には、ある程度の体系がつくられていたそうです。

詳しい制度は解明されていませんが、『日本書紀』には、西暦592年に蘇我馬子による崇峻天皇の暗殺のニュースが朝廷のあった大和（いまの奈良県）から筑紫（いまの福岡県）へ早馬で伝えられたという記述が残っています。

道がなければ馬は走れませんので、この時代には少なくとも大和と筑紫を結ぶ道がある程度整備されていたのでしょう。

律令時代の「七道」は古代の高速道路

律令国家の駅制のベースになったのは、「七道」という幹線道路

わたしたちが歴史の授業で聞いたことのある「大化の改新」（西暦645年）。中大兄皇子が中臣鎌足とともに、当時権力を握っていた蘇我氏を滅ぼし、新政府をつくって国政改革に乗り出しました。この大化の改新以降、天皇を中心とする中央集権的な政治が進められていきます。

西暦646年に政府から出された「改新の詔《みことのり》」には、軍備や税制などとともに、いわゆる「駅伝制」を整備する旨が盛り込まれています。

駅伝制というのは、緊急連絡用の公文書を送るための「駅制」、公務のための

出張に用いられた「伝制」を合わせた総称です。お正月のスポーツイベントなどでお馴染みの「駅伝」も、これが語源になっています。
もっとも、改新の詔では駅伝制を導入する方針が示されていただけで、実際には701年（大宝元年）の「大宝律令」において、「駅」を約16キロメートルごとに設置することなどの詳細な規定が定められたと言われています。

公文書を送るインフラであった駅制のベースになったのは、当時の都だった畿内（いまの奈良、大阪、京都付近）から放射状に延びていた「七道」でした。
七道は、西南方向に向かう山陰道・山陽道・南海道、東北方向に向かう東海道・東山道・北陸道、そして当時の外交の玄関だった大宰府を中心に放射状に広がる西海道の7つです。これらは道路の名前でもあり、この道路に沿った地域の名前でもありました。

この七道は当時の幹線道路と言えますが、その大きな特徴は、「とことん直線にこだわった道路」ということでした。多少の谷になっているところは埋めて、低い丘は道路の通る部分を掘り下げて切り通しにした形跡も残っています。

七道は、国の一大事などを伝達するために馬を走らせた道路だったと言われています。当時の「首都圏」から各地域の役所を最短距離で結ぶために、直線にこだわったのでしょう。

七道と現代の高速道路は類似点が多い

七道のルートは、現代の高速道路と一致するところも少なくありません。

また、当時の通信の中継地点とも言える「駅家」の位置が、高速道路のインターチェンジとほぼ一致しているそうです。

首都圏と主要な地域を最短距離で結ぶという意味で、コンセプトは同じだったのでしょう。

「いくら幹線道路と言っても、時代が時代だから、狭い道路だったのでは？」と思われるかもしれませんが、じつは七道の道路幅は、狭いところでも6メートル、広いところは15メートルもあったそうです。当時の単位である「丈（約3メートル）」を基準としており、６メートル、９メートル、12メートル、15メートルと、3メートルの倍数になっていたのです。

いかに当時の政権が計画的に、かつ人工的につくったのかがわかるのではないでしょうか。七道の総延長は、６３００キロメートルにも及んだそうです。時代を考えても、かなり大規模な国家事業だったと想像できますね。

七道は公文書を地域の要所へ運んだルートだったので、いまの言葉で言えば「ネットワーク」に相当するのかもしれません。

ＩＴの世界では、ネットワークの安全性を確保するためには1ヵ所が壊れてもどこかに迂回路が設けられている必要があります。じつは七道には、迂回路が設けられるなど、最低限のバックアップ機能は備わっていたようです。

この七道を支えていたのは、先ほど少し触れた駅制です。この駅制、なかなか興味深いものがあります。次の項では、駅制について解説します。

古代の通信を支えた「駅制」

律令時代の「駅」は社交の場だった

前の項でお話しした通り、律令時代の公文書は七道をインフラとした「駅制」のもとで運ばれました。

駅制では、七道という各幹線道路に沿って駅家を30里（約16キロメートル）ごとに設置することを基本としていました。駅家は、いまで言う「駅」に相当するものです。もちろん、険しい山岳地帯や馬の食事となる牧草がないところは16キロメートルごとという基準の例外が認められていたようです。

いまの駅はもちろん電車が停まるところですが、駅家は当時の主な交通手段だった「馬」を停める場所でした。「駅」という漢字が馬偏なのは、その名残なのでしょう。

七道のひとつである山陽道の駅家にあった施設は、中国の使節団、いわゆるVIPをもてなすために、とても豪華なものだったようです。発掘調査によって朱塗りの柱・白壁・瓦葺きだったと判明した建築物があります。当時としてはかなりゴージャスなものだったのでしょう。

この施設は、身分の高い人たちの宴会にも使われていたとされています。駅家は、交通機関でもあり、情報が集まる場所でもあり、VIPをもてなす場、そしてお役人さんたちの社交の場でもあったのです。

駅家の維持コストや、駅家を使うための資格証明、駅制の崩壊

駅家にはこのような施設が設けられ、なおかつ規模に応じて複数の馬が置かれていました。馬は、もちろん駅家の人たちが世話をしていました。

このような施設を維持するには、さぞかし莫大なコストがかかったのでしょう。ところでこの莫大なコスト、どのように費用を捻出していたと思いますか？

有力な説としては、駅家専用の田んぼでつくられた稲を元本として貸し出して、そこからあがった利息で駅家を維持するためのコストを賄ったのではないかと言われています。

駅制自体はお上が考えた制度だったのですが、その制度を支える駅家は独立採算制だったのだということですね。

駅制において使われたのは「駅馬」と呼ばれた馬でしたが、この駅馬を使うためには「駅鈴《うまやのすず》」という資格証明を持っている必要がありました。身分の高い人ほど、たくさんの駅馬を使うことができたそうです。

この駅鈴の管理は厳格で、任務を終えて地元へ帰ったときには速やかに返却しなければならず、返却が遅れるとムチ打ちの刑や懲役刑が科せられたとのことです。

また、地域で内乱が起きると、駅鈴の争奪戦が行われたこともあるようです。

天皇の権威を帯びた万能の通行証という扱いであり、もしくは天皇からの賜りものとして意識されていたのではないかと言われています。

さて、この駅制ですが、10世紀頃には衰退していくことになりました。中央集権国家の力が落ち、貴族や大寺院の私有地である荘園が台頭してきたことによって、ネットワークの分断が起こったことが理由のひとつと言われています。飛鳥時代から奈良時代、平安時代という三代にわたって情報通信の役割を果たした駅伝制も、律令体制の崩壊とともに消えていきました。

次は、鎌倉時代以降の情報通信についてお話ししていきます。

鎌倉時代の交通や通信

鎌倉時代の交通・通信事情

1185年からはじまった鎌倉時代は、江戸時代まで続く武士の時代のはじまりでした。源頼朝が鎌倉の地に幕府を開き、東国の武士を束ねて武士による政治を展開したのです。

でも、京都の朝廷が無力になったわけではなく、「公武二元支配」の体制だったと言えます。つまり、京都と鎌倉が政治の中心となり、2つの都を結ぶ交通・通信のネットワークが整備されるとともに、東国においても道路が整備されることになったのです。

鎌倉幕府は、東海道の駅路の法を定めました。伊豆から近江までの東海道沿線の荘園や御家人に対して、鎌倉から京都に向かう使者たちに馬や食事を提供するように求めたのです。

幕府がはじまった当初はまだ体制が固まっていなかったので、荘園はこの負担に抵抗しました。鎌倉から京都に向かう使者たちに馬や食事を提供する役割については、もっぱら沿道の御家人や幕府近親者だけが果たしました。

鎌倉時代の駅制は古代のような強いシステムではなく、急場には間に合わないことも多かったようです。

それでも鎌倉幕府の体制が固まるにつれ、京都には六波羅探題、九州には鎮西奉行が置かれるなど、その支配地域は広がり、これらの地方行政機関と鎌倉との通信需要がますます増加していきました。とくに朝廷の監視機関となった六波羅探題と鎌倉との間の情報伝達は最重要であり、迅速さが求められました。つまり、東海道の駅路の改善が差し迫った課題となったのです。

問題だったのは、「宿」が自然発生的に発達した集落だったために、距離間隔が不均等であったことです。そこで幕府は、宿が等間隔で位置するように必要な地に「新宿《しんしゅく》」を置くように進め、また宿の整備にも努めました。たとえば1251年には、宿の規模にかかわらずそれぞれの宿に馬2頭ずつ常備するような布令を発しています。

この時代、京都と鎌倉の間約480キロメートルを結ぶ飛脚を「六波羅飛脚」「鎌倉飛脚」と呼んでいました。これは早馬によるもので、古代駅路の法を踏襲したものと言えます。当時、京都と鎌倉の間を普通に旅すれば15日前後を要しましたが、早馬による飛脚を使うと5日~7日程度で情報を伝えられたそうです。1192年の後白河法皇の崩御の知らせは3日半、後鳥羽上皇が挙兵した知らせは4日で鎌倉に届いたとの記録があります。

元寇によって進んだ道路整備

「元寇《げんこう》」。歴史の授業で聞いたことがあるでしょう。当時東アジアと北アジアを支配していたモンゴル帝国（元朝）が、属国だった高麗と1274年と1281

年の二度わたって日本に攻め込んできた、いわゆる「蒙古襲来」です。

１２６８年にモンゴル帝国のフビライ＝ハンの書状を携えた使節が博多に来て、蒙古襲来の脅威が現実になったことで、鎌倉幕府の飛脚ネットワークが博多まで延長されました。

１２７４年の１回目の蒙古襲来（文永の役）では鎌倉に到着するまで16日を要した戦果の知らせが、１２８１年の弘安の役では12日で届いたそうです。文永の役以降、幕府が道路の整備に力を入れたことのあらわれでしょう。

それでも古代駅制による通信のスピードには及ばなかったのは、律令時代の駅制と比べて鎌倉時代の駅制が脆弱だったからです。


平安時代までの東国へのルートは、主に東山道が使われていました。でも鎌倉時代に入ると、東海道がそれに取って代わったのです。そして、東海道は武家政府と朝廷とを結ぶ大動脈に発展しました。

京都と鎌倉は宿によって結ばれ、鎌倉時代の交通路として、そして通信回路として役割を果たしました。そして、それは近世東海道の礎ともなったのです。

室町時代

室町時代に引き継がれなかった鎌倉時代の駅制

鎌倉幕府が滅亡したあとは、皇位の正当性を巡る吉野の南朝と京都の北朝の対立（南北朝の動乱）が60年続きました。

南北朝の動乱を鎮めたのは、足利尊氏の孫であった足利義満です。

そして、室町幕府が成立しました。


室町幕府を開いた足利氏も、京都と鎌倉公方を置いた鎌倉との交通通信のネットワーク維持は重要視していました。でも、残念ながら室町幕府の勢力は鎌倉幕府に比べれば脆弱でした。最盛期であっても、幕府が掌握していたのは京都を中心とした数国に過ぎません。それ以外の地域を掌握していたのは、守護大名でした。

室町幕府の通信ネットワークが完全に機能していた範囲も、京都周辺の地域だけ。もちろん庶民が使えるような開かれた通信システムなどはありませんでした。

つまり、鎌倉幕府が復活させた駅制は室町幕府には引き継がれず、崩壊しました。

全国的な飛脚のネットワークが確立するのは、江戸時代からだったのです。

戦国時代

戦国大名の「富国強兵」策で整備された伝馬制度

１４６７年から１４７７年までの「応仁の乱」で、戦国時代がはじまりました。戦国の争乱のなかで、各地において実力のある支配者が台頭してきたのです。それが、戦国大名です。

戦国大名は、戦に勝ち抜いて領国を安定させなければ生き残れなかったため、富国強兵策をとりました。その一環として、伝馬《てんま》制度を積極的に整備したのです。本城と支城を結ぶ道路をつくり、要所に宿駅を設置し、兵の移動や軍需物資の運送のための交通システムを構築しました。

運送業務は領民に課せられて、安い賃料で人や馬の提供をさせました。この伝馬ルートが、情報伝達のルートにもなったのです。

危険がいっぱいの、戦国時代の使者

戦国時代に書状を目的地まで運んだのは、「使者」と「飛脚」でした。戦国時代の使者と飛脚は、ほかの時代と比べてもとても危険な役割だったと言えます。

使者の役割を務めたのは、戦国大名の家臣です。大きな勢力を持つ武将を自分たちの味方にする、援軍の派遣を依頼するなど、使者は極めて重要な使命を負っていました。いわゆる「ネゴシエーター」とも言える人たちです。使者は相当な手腕を持っていなければ務まらなかったので、交渉力に優れた家臣が使者に登用されました。

一方で、一刻も早く情報を送りたいときには、足の速い家臣が使者に選ばれました。

このように、使者は「交渉タイプ」と「俊足タイプ」に分けられていたのです。

いつの時代も、「適材適所」という考え方はあるのですね。

いわゆる山伏も、戦国大名の使者になっていました。それは、山伏には諸国往来の自由があり、霊場がある険しい山道にも精通していた分、密使に最適だったからです。

多くの大名が対立関係にあったこの時代ですから、密書が奪われて使者が殺されてしまうこともあったようです。使者の道中は危険極まりないものだったと想像できます。

書状を目的地まで運んでいたのは使者と「飛脚」でしたが、飛脚は脚力とも呼ばれていて、書状を目的地までできるだけ早く届けることが任務でした。

飛脚の職に就いていたのは戦国大名の家臣ではなく、健脚の町人や僧侶でした。

戦国の争乱と飛脚

戦国の争乱が本格化すると、「早飛脚」という表現が書状によく出てきます。

早飛脚は、とくに足に自信のある人のなかから選ばれました。

継飛脚という言葉も見られるようになりました。これは、飛脚が交代しながら書状を目的地に運ぶ仕組みです。

当時の戦国大名は自己の通信ネットワークを確保するため、日頃から継飛脚の仕組みを維持していたようです。

織田信長は中部・近畿地方に統一政権を樹立し、関所を廃止して街道に並木を植えるなどして、交通路の整備を行いました。

本能寺の変のあとに天下を統一した豊臣秀吉は、信長の政策を踏襲して一層の交通整備に努めました。

交通インフラの整備が全国展開されるのは、次の江戸時代です。

江戸時代（1）近世宿場制度の成立

進められた「五街道」の整備

１６０３年の関ヶ原の戦いで勝利した徳川家康が江戸に幕府を開き、以後２６５年間、幕府中心の政治が行われるなかで、近世日本が築かれていきました。

この時代、農業生産の増加や各藩の奨励による地方の特産品の生産拡大、卸しや輸送の整備によって、一大消費地になった江戸や大阪にはさまざまな商品が集まりました。そして富が蓄積し、元禄や文化文政の文化が開花したのです。

江戸時代の政治・経済・文化の活動は、高度にネットワーク化された飛脚による情報伝達網によって支えられていたと言っても過言ではないでしょう。

徳川家康も織田信長や豊臣秀吉の交通政策を引き継いで、江戸を中心とした街道整備を急速に進めました。街道の整備は「通信ネットワーク」の形成も意味しており、幕藩体制の維持に欠かせないものになりました。

これは、それまでの京都中心の交通体系からの脱却を意味し、江戸時代に整備された街道は東京中心の近代日本の礎となったのです。

そのなかでとくに重要だったのは、

・江戸と京都を結ぶ「東海道」
・江戸と高崎、下諏訪、大津を結ぶ「中山道」
・江戸と宇都宮、日光を結ぶ「日光道中」
・宇都宮と白河を結ぶ「奥州道中」
・江戸と甲府、下諏訪を結ぶ「甲州道中」

の「五街道」と呼ばれるものでした。

江戸時代の交通・通信の根幹となった近世宿場制度

幕府は、伝馬制の整備にも乗り出しました。徳川家康は1601年（慶長6年）に、公用の書札や荷物の運送のため、東海道に宿の間を人馬で継ぎ立てながら逓《てい》送《そう》する宿次（宿継）を定め、各宿に伝馬制度を設定したのです。伝馬の利用には、将軍の朱印や老中などの証文が必要でした。

次には中山道に伝馬制が敷かれるなど、伝馬制は各街道に展開されていきました。

伝馬制度が整えられていくなかで、この伝馬制を支える宿場の機能も拡充されていきました。物資の輸送や宿泊などを仕切る問屋、それを補佐する年寄、荷物の差配をする人たちが任命されたのです。

宿場には幕府の役人や大名が宿泊する本陣、庶民のための旅籠《はたご》などの宿泊施設が設けられました。

この制度は、もともとは幕府や大名の公用の通行に便宜を図るものでしたが、民間の貨物や旅行者にもさまざまな形でサービスを提供しました。公用通行のコストを賄うために、民間交通に対する独占的なサービスは不可欠なものであり、主要な業務だったと言えます。

このように街道・伝馬制・宿場が一体的に整備されて近世宿場制度となり、江戸時代の交通・通信システムの根幹になったのです。

江戸時代（2） 幕府公用の「継飛脚」

江戸時代の一大流通センター「三伝馬町」

江戸時代の通信システムと聞いてまず思い浮かぶのは、「飛脚」ではないでしょうか。江戸の飛脚を大別すると、継飛脚・大名飛脚・町飛脚の3種類あります。

継飛脚は、幕府公用の飛脚です。継飛脚を利用できるのは、老中や京都所司代、大坂城代、駿府城代、勘定奉行、京都町奉行、道中奉行など、限られた役職の人だけでした。その利用には老中の証文などが必要であるなど、ハードルが高かったのです。

継飛脚は、公的な書状だけではなく、「御用物」と呼ばれる公用の荷物も運びました。尾張の鮎ずし、三河の海鼠腸、大和の葛などの将軍への献上品も、継飛脚が江戸まで運んでいたようです。

江戸から各地へ送られる書状などの中継センターになったのは、幕府から伝馬業務を委託された大伝馬町（いまの東京都中央区日本橋大伝馬町）と南伝馬町（いまの東京都中央区京橋）でした。

書状は江戸城の書記を担当する部署で作成されて、老中の証文が付いた漆塗りの「御状箱」に入れられて、大伝馬町と南伝馬町にあった役所に運ばれました。さらにそこから江戸の四宿（品川、千住、板橋、内藤新宿）に届けられて、各街道の宿場をリレーして目的地に運ばれたのです。

ちなみに、江戸における中継センターにはもうひとつ小伝馬町（いまの東京都中央区日本橋小伝馬町）もありましたが、これは江戸内の公的な書状を引き受けていました。

江戸から各地へ送られる書状などを扱っていた大伝馬町と南伝馬町は、1日〜

15日と16日～月末と交代で任務にあたっていました。任務のないときは民間営業を行っていたそうです。

このように、大伝馬町・南伝馬町・小伝馬町の三伝馬町は、18世紀のはじめには江戸の巨大な流通センターになっていたのです。

ちなみに、江戸に入ってくる公的な書状は、伝馬町を経由せず江戸四宿から直接江戸城へ届けられていたと言います。

継飛脚のスピードは、超特急便なら江戸～京都が2日半

継飛脚に求められたのは、何と言っても情報の速さでした。そのため、街道の通行にあたってはさまざまな特権が与えられていました。

たとえば、

「箱根八里は馬でも越すが、越すに越されぬ大井川」

と詠われたほど、東海道屈指の難所と言われた大井川。普段は一定以上まで増

水すると渡れませんでしたが、公用の書状を持った飛脚がこの川を越えるときは、もっと水位が増すまで川を渡してもらうことができました。

継飛脚のスピードは、江戸から京都までの500キロメートルを普通便で90時間（4日弱）、お急ぎ便で82時間（およそ3日半）、超特急便なら56時間から60時間（およそ2日半）だったという記録が残っています。

継飛脚の運営にかかった経費は、「継飛脚給米」という幕府から支給されるお米でした。でも、それだけでは賄えなかったので、各宿場が運営費用を持ち出していました。公的な書状を次の宿に送ることは宿場の義務だったので、仕方のない面もあったのでしょう。

とは言え、幕府からの財政支援がなければ宿場には大きな負担になります。そこで幕府は、緊急かつ機密の公文書を除き、公定料金で民間委託するようになったのです。宿場の財政を改善する効果はあったようで、この形で幕末まで継飛脚の運営が続くことになりました。

江戸時代（3）「大名飛脚」と「町飛脚」

諸大名がそれぞれに設けた「大名飛脚」

ここでは、江戸時代の飛脚のうち、大名飛脚と町飛脚についてお話しします。

大名飛脚は、諸大名が自身の国と江戸藩邸などとの間で通信を行うために、各藩が整えた飛脚システムの総称を言います。大名は幕府の継飛脚を使うことができなかったため、それぞれが独自の運営を行ったのです。

大名飛脚で有名なのは、尾張・紀州両徳川家の「七里飛脚」と呼ばれたものです。ほぼ七里（約28キロメートル）ごとに継所を置いたため、このように呼ばれました。書状を中継するところに常時要員を配置して七里飛脚のシステムを維持していくことは、当然ながら膨大な費用がかかるものでした。やがて運営が困難になり、次第に民間の飛脚問屋に委託されるようになっていったのです。

①「幕府の継飛脚などに対する民間の飛脚」としての町飛脚

町飛脚は、①幕府の継飛脚や大名飛脚に対する民間の飛脚の総称を指す場合と、②江戸市中といった大都市のなかだけの手紙などを扱う飛脚を指す場合の2つがあります。

町飛脚のルーツは、「三度飛脚」というものです。三度飛脚は、大坂城などを警備する江戸からの単身赴任の旗本が、江戸の家族などに便りを出すためにつくった飛脚システムでした。江戸と大坂を月に三度往復したことから、このように呼ばれたのです。

この三度飛脚の業務を民間で請け負ったことが、町飛脚のはじまりでした。最初は公的な伝馬制度を利用するために、民間であることを隠していましたが、幕府の営業許可が出て、商人などの民間人の書状などを運ぶようになりました。

そして大坂、京都、江戸の飛脚問屋が中心となって、全国の飛脚ネットワークを形成していったのです。都市が有機的に結ばれて、大坂から仙台までの地域をカバーする飛脚の全国ネットワークが完成しました。

ドイツ人医師だったシーボルトや、イギリスの公司、使節団員などの手記では、わが国の飛脚が十分に機能していることが好意的に記されています。文明国の人から見ても、江戸の飛脚は高水準のレベルに映ったようです。

②「大都市のなかだけの手紙などを扱う飛脚」としての町飛脚など

江戸や大坂などの大都市で市中だけを配達エリアとしていた町飛脚は、書状を入れた箱を担いで、棒の先には風鈴をつけて、それを鳴らしながら走ったので、「チリンチリンの町飛脚」と言われたそうです。

ほかにも、町飛脚に分類される飛脚がありました。

たとえば、江戸の吉原などの遊女が書く恋文を、風鈴をチリンチリン鳴らしながらではなくひっそりと届ける「文使い屋」と呼ばれる職業がありました。

特定分野の情報などを扱う飛脚もいろいろあり、これも、町飛脚として分類できるでしょう。大坂と江戸の飛脚問屋が協力して、二都の間で金銀を送る「金飛脚」。これは、現金書留の原型と言えます。

当時大阪堂島のお米の基準相場表を米穀商人たちに報告した「米飛脚」、摂津、河内、和泉、伊勢などで生産されていた菜種油や綿花油の相場を伝達していた「油飛脚」というものもありました。

このように江戸時代の飛脚は全国にネットワークを張り巡らせて、政治や経済を支える運輸・通信の一大インフラストラクチャーになっていました。

幕末の動乱で江戸の宿駅制度は崩壊することになりますが、その枠組みを活かしながら、明治近代国家の運輸通信システムが築かれていったのです。

江戸時代（4）災害情報を伝えた飛脚

テレビなどのない時代、飛脚の役割は大きかった

1854年（嘉永7年）の11月に、東海・南海大地震が発生しました。当然のことではありますが、江戸時代にはインターネットはおろか、テレビもラジオもありません。

遠隔地の人たちに災害情報を伝えたのが誰かと言えば、それがまさに飛脚でした。大坂から江戸へ走った飛脚は、この地震、そして大津波の被害について詳細に伝えたという記録があります。

このように、地震や津波、火災などが発生すると、飛脚は被害情報の詳細をリレーで知らせていったのです。その情報をもとに、幕府や大名、商人たちは、炊

き出しや、いまで言う仮設住宅の設置、献金や献米を行いました。

当時、現代のテレビの役割を果たしていた唯一の手段は「かわら版」という一枚綴りの書面でしたが、飛脚はこのかわら版を諸国に伝達する役割も果たしていました。

その背景としては、もちろん好奇心のようなものもあったとは思いますが、災害地における米や生糸などの収穫量、品質がどうなのかという商人たちのニーズも大きかったのです。

「かわら版」などと聞くと前近代的なイメージを持ってしまいがちですが、情報が意外とネットワーク化されたインフラの元、広く共有されていたことは注目に値します。

「いかに早く正しい災害情報を得て、広く伝えるか」

という災害情報伝達の本質は、当時もいまも変わらないということですね。

日本の近代化の礎になった、江戸時代の教育

高水準だった、幕末の教育と文化

1603年から265年にも及んだ江戸幕府による統治が終わり、1868年3月には新政府が「五箇条の御誓文《ごせいもん》」を発布します。これは、諸外国の技術を取り入れて日本を近代国家へとつくり変えていく基本方針でした。江戸を「東京」と改め、元号も「明治」と定めて、富国強兵を目指して殖産興業（西洋諸国に対抗するための近代化政策）に力を入れていくことになっていきます。

ここで見逃してはいけないのは、明治維新を契機として日本の近代化が急速に

進められ、短期間で近代化に至った理由には、幕末の時点で日本の文化と教育が高い水準に達していたという背景があったからではないでしょうか。

外側だけを変えたとしても、それを支える「中身」がともなわなければ、短期間で諸外国と渡り合えるだけの国になることは不可能だったのかもしれません。

そこで、近代の通信史をお話しする前に、江戸時代にどのような教育が行われていたのかを説明しておきたいと思います。

「支配者」「指導者」にふさわしい教養を習う「藩校」

江戸時代は「士・農・工・商」の身分制が確立していて、とくに武家（士）と庶民（農・工・商）は厳格に区別されていました。教育についても、武家の教育と庶民の教育がそれぞれ成立していたのです。

江戸時代の武家は「支配者」であり、「指導者」でした。ですから、それにふさわしい教養を身につけるために「藩校（藩学）」という教育機関が設けられていました。藩主は、藩の統治のために自分の教養を高めようと、儒学者や兵学者を招いて講義をさせて、重要な家臣にも聴講させました。また、一般の藩士にも学問を奨励しました。

江戸幕府は儒学を学問の中心にしていて、なかでも朱子学を正統な学問として尊びました。中世の武家は、お寺で僧侶を師匠として学問を修めていましたが、江戸時代の武家は城下に学校を設けて儒学者を師として学問を修めていたのです。これが藩校（藩学）です。

藩校は、江戸時代の中期以降に急速に普及して、二百数十校に達したと言います。各藩の藩校の模範になっていたのは、幕府が江戸に設けていた昌平坂学問所（昌平黌）でした。もともとは上野に設けられた学問所が湯島に移転し、孔子を祀《まつ》る聖堂を建てたので湯島聖堂と呼ばれていました。これが、のちに「昌平坂学問所」もしくは「昌平黌」と呼ばれるようになったのです。

各藩は昌平坂学問所にならって藩校を設立し、整備しました。教育の内容も徐々に拡充して、幕末には洋学や西洋医学を科目に加えるものも多くなっています。

藩校のなかで有名なものには、尾張藩の明倫堂、会津藩の日新館、岡山藩の花畠教場、米沢藩の興譲館、佐賀藩の弘道館、和歌山藩の学習館、萩藩の明倫館、仙台藩の養賢堂、熊本藩の時習館、薩摩藩の造士館、加賀藩の明倫堂、水戸藩の弘道館などがあります。

藩校は廃藩置県のあとで廃止されましたが、明治時代に発布された学制における中等・高等学校の母体となりました。また、藩校で養成された人々が明治維新後の近代日本を建設する中心的な役割を果たすことになったのです。

庶民の日常生活に必要な実用的な教育を行っていた「寺子屋」

一方で庶民は、日常生活に必要な教養を得るために「寺子屋」という教育機関で「読み」「書き」を学んでいました。

江戸時代の庶民の教育は、もともと家庭や社会生活のなかで行われていました。

いわゆる「ご奉公」といった集団生活が行われているなかでの教育が、重要な意味を持っていたのです。

ところが、江戸時代の中期以降に寺子屋が増加し、庶民の子どもの教育機関としてしだいに一般化し、重要な位置を占めることとなりました。

寺子屋は、庶民の子どもが読み・書きの初歩を学ぶ簡易な学校でした。幕末には江戸や大阪だけではなく、地方の小さな都市や農村・漁村にまで設けられるなど、全国に広く普及しています。

明治5年の学制発布によって、短期間に全国に小学校を開設できたのは、寺子屋の普及がとても大きかったと言われています。

寺子屋では、藩校のような高尚な学問を修めるのではなく、庶民の日常生活に必要な実用的・初歩的な教育が中心となっていました。幕末になると、いわゆる「読み・書き・算盤」を併せて教える寺子屋も多くなり、明治の学制発布以降の小学校に近づいていると言えます。

幕末に計算の教育が庶民の間に広く普及していたことで、庶民の計算能力が高まったのでしょう。近代に向けての基礎がつくられていたということは、大きな意義があったのではないでしょうか。

なぜ江戸時代に「教育爆発」となったのか

このように、江戸時代、とくに18世紀は庶民も含めた就学率が大幅に向上した「教育爆発の時代」とも言われます。

なぜ庶民の間で教育熱が高まったのかについては、一説によると幕府の「文書主義」が要因であるとも言われています。街中には幕府の通達である「高札《こうさつ》」が立てられていて、それが読めなくては生活に支障が生まれたのでしょう。

また、貨幣経済の発達によって利子の計算が必要になったこと、庶民向けの娯楽本の出版も増えたことで、「読み・書き・算盤」の必要性が増したことも背景にあったのかもしれません。

ところで、寺子屋では「読み・書き・算盤」だけを教えていたのでしょうか。決してそのようなことはありません。身の回りの清掃や他人への応対、親や年長者へ敬意を払うこと、友人に親しむことなどを徹底して身につけさせたそうです。

なお、19世紀の江戸における寺子屋への就学率は70～85％、識字率は70％以上だったと言われています。これは世界でもトップレベルでしょう。幕末期には、武士はほぼ１００％、庶民でも男子の50％前後は読み書きができたという説があります。

幕末維新の時代に日本を訪れた多くの外国人が、日本人の識字率の高さ、そして礼節などを賞賛しています。江戸時代の日本は、世界最高の教育水準を誇る「教育先進国」だったのでしょう。

いまを生きるわたしたちは、かつての日本がそのような国であったことをもっと誇りととらえていいのではないでしょうか。同時に、日本人が本来持っていたはずの大きな可能性に気づくべきなのではないかとも思うのです。

2
章

近代

1968年(明治維新)〜

近代郵便制度のスタート

「富国強兵」のための施策のひとつとなった、通信の整備

幕末、日本には欧米による植民地化の危機が迫っていました。植民地化を回避するためには、幕府と各藩を統合し、欧米のような中央集権国家を設立する必要があったのです。

それと同時に、欧米のように市場経済を発展させて、「富国強兵」を実現しなければなりませんでした。

ところが、旧来の通信方法ではその実現はおぼつかないということで、明治政府は郵便、電信、無線、電話という近代的な通信方法の普及に力を入れていくこ

とになったのです。

ここではまず、近代郵便制度のスタートについてお話しします。

幕末の混乱による飛脚制度の破綻から、新式郵便が検討された

日本における近代郵便は、1871年（明治4年）の4月に前島密の立案によって実現された東京～大阪間の「新式郵便」によってはじまりました。翌1872年（明治5年）には全国でこの郵便制度が実施され、1873年（明治6年）には全国均一料金制が導入されて、郵便事業の骨格が整えられていきます。

江戸時代の通信は、すでにお話しした通り「飛脚」によるものでした。大別すると、幕府の公用通信を扱っていた継飛脚、大名の書状を運んだ大名飛脚、商人などの民間の書状を運んだ町飛脚です。飛脚は、「宿駅制度」によって維持されてきました。

江戸幕府の崩壊後、宿駅制度は新政府に引き継がれ、明治維新後もしばらくは

宿駅制度が継続されていたと言います。歴史の学習で、「明治になって郵便制度が創設された」とだけ学んだ人も多いでしょうから、これは意外と知られていないことかもしれませんね。

幕末から明治維新にかけて、交通通信事情は混乱していました。そもそも宿駅制度は、民衆の負担によって支えられていた面が大きかったのです。ところが、物流が盛んになると、宿駅制度では書状などの運搬を捌ききれなくなりました。幕末から明治にかけては混乱の時代。宿駅の機能を強化するのも難しかったため、キャパシティを超える輸送負担に耐えられなくなり、物資などが停滞する事態に陥ったのです。これは、まだ弱体だった明治新政府には手に負えないところでした。

とは言え、戊辰戦争などの内戦のなかで新政府は軍事や行政に関する通信手段を確保しなければならなかったため、宿駅制度を維持するべく、さまざまな改善策を講じたのです。でも、なかなか抜本的な改善には至りませんでした。

そして、「郵便の父」と呼ばれる前島密が新式郵便の創設を建議することになりました。

「郵便の父」前島密

郵便制度の創設について前島密に白羽の矢が立ったのは、彼が全国各地を旅行していた経験によって、街道筋の地形や宿駅の状況に精通していたという背景があったようです。

最初は、郵便事業を国営にしようとは考えていなかったようです。なぜなら、新政府では資金負担に耐えられないだろうと考えていたからです。

ところが、彼が目にした政府の毎月の通信コストと照らし合わせると、それだけの金額があれば政府が郵便を運営できると判断。実際に、書状の通信にかかるコストと取り扱う書状の件数、そこから生じる料金収入などの試算を行った結果、運営が十分に可能であること、将来に向けた投資資金を確保できることなどの確証を得たのです。

前島密という人物が、とても知恵に溢れた人だっただろうと思われてくれるエピソードではないでしょうか。

日本の郵便制度は、江戸時代の宿駅制度における継飛脚などのシステムを再利用することで創出されたものという説が有力で、鉄道や電信といった西洋から輸入された「舶来品」とは異なるというのが現在の通説になっています。

「郵便」という名称についてもひと言添えておきましょう。飛脚制度を再編したものなので、「飛脚便」などと呼ぶ案もありましたが、新しい時代の・新しい制度として普及し、旧来の「飛脚」との違いを強調したかったという背景もあり、呼び方を変えたようです。

ただ、「郵便」という言葉自体は明治以降にできたものではなく、江戸時代からも使われることがあったと言われています。

ちなみに、全国均一料金制が導入された1873年(明治6年)3月の太政官布告では、郵便が国家の独占事業となったことも記されています。

これは、富国強兵や殖産興業を強く推し進めていくためには安い料金で全国に手紙が届く制度が不可欠であり、そのような事業の運営を民間企業に任せるのが難しいという考え方があったからでしょう。

十数年という短い期間で、どこでも同じ料金で郵便のサービスが受けられる体制ができあがったことは、江戸時代の飛脚制度を再利用したとは言え、驚異的なスピードだったと言えるでしょう。

尽力した当時の人たちの知恵や苦労を考えると、頭が下がります。

日本における「電信」のはじまり

電信の発明は、通信と交通を分離した革命的な出来事

長い情報通信の歴史のなかでは、手紙は古代から現代に至るまで情報を伝える手段として続いています。でも、手紙は発信をする人から受け取る人までの距離と時間という物理的な壁を取り除くことができません。

この壁を取り除くために、人類は知恵を絞ってさまざまな開発をしてきました。時間と距離を超えて瞬時に情報を伝える手段として、電信の発明は革命的な出来事だったと言えます。

電信を定義すれば、「文字情報を電気信号に変換して送受信するしくみ」です。

この電気に関する発見や発明が相次いだのは、18世紀から19世紀でした。

18世紀にはアメリカのベンジャミン・フランクリンが針金を通して電気を伝えることを発見し、イタリアのアレサンドロ・ボルタはボルタ式乾電池を発明。デンマークのハンス・エルステッドは、電流による磁気作用を発見しました。

電気の伝わる速度が極めて速いことから、19世紀に入るとこれらの発見や発明を通信に応用するために、さまざまな研究が行われるようになりました。なかでも、アメリカのサミュエル・モールスによる、短く電気を送る短音（トン）と長く送る長音（ツー）の組み合わせでアルファベットを符号化して送信するモールス信号は、とても有名ですね。

たとえば「SOS」とモールス信号を送りたい場合、「トントントン（S）」「ツーツーツー（O）」「トントントン（S）」となります。デジタルの世界はすべての文字や音、映像までも「0」と「1」での電気信号で表現するので、考え方は同じであると言えるでしょう。

電信が画期的だったのは、何と言っても「情報が物質から分離した」という点です。情報の伝達を、人や物の移動に頼る必要がなくなったのです。つまり、電気通信の実用化によって、通信が交通から独立したのだということです。

日本の「発明家」たちによる、江戸時代の電信の研究

日本では、1849年（嘉永2年）に松代藩の佐久間象山が日本ではじめての電信機を独学でつくり、60メートルの距離の送受信に成功しました。

そして1854年（嘉永7年）に再来したペリー艦隊が、幕府に献上する電信機の実験を行ったことを契機に、電信機への関心が急速に高まったのです。薩摩藩の松木弘安（のちの外務卿 寺島宗則）や、「東洋のエジソン」という異名をとった佐賀藩の田中久重らが、より性能の高い電信機をつくりました。

じつは、日本では明治維新を迎える前に外国のハイテク技術を吸収し、多くの電信機の試作品がつくられていたのです。先々西洋からも一目置かれる日本の技術が、この時代に芽吹いていたという事実は注目に値するでしょう。

日本における電信の父、寺島宗則

さて、先ほど登場した松木弘安こと寺島宗則は、「電信の父」と呼ばれています。寺島氏は明治初期の外交の立役者として知られていますが、電信の分野においても功績を残しているのです。

特筆すべきは、日本最初の電信インフラである東京－横浜間の電信建設を推進したこと、国際通信の分野でデンマークの「グレートノーザン電信会社」との交渉をまとめたことです。

寺島氏は1868年（明治元年）9月に、政府が東京－横浜間に電信線を設置することを建議して、彼自身もその推進役に就きました。この建議は閣議決定されて電信線の建設工事が進められ、1869年（明治2年）12月に2都市の間で電信の取り扱いがはじまりました。建議から、じつに1年少々。非常に短期間で実現したのです。

でも、これはあくまでも国内線です。東京－横浜間ですから、目と鼻の距離であると言ってもいいでしょう。一方で世界に目を向けると、１８５８年にはイギリスとアメリカをつなぐ大西洋ケーブルが開通しているなど、すでに電信は世界を瞬時につなぐツールとしての地位を確立していました。富国強兵を目指す日本にとっては、早く国際間の電信ケーブルを引き込む必要があったのです。

グレートノーザン電信会社との交渉で一歩も退かなかった寺島宗則

じつは、幕末から明治維新にかけての時代、世界の列強各国は日本の通信権を虎視眈々と狙っていました。電信の設置を他国に任せてしまえば、国の中枢を握られたも同然であり、植民地にもなりかねない話なのです。

でも、当時の日本には、国際通信ケーブルを引き込む技術も資金もありませんでした。そこで日本に国際ケーブル設置の話を持ち込んできたのが、デンマークの「グレートノーザン電信会社（以下、大北社）」でした。この会社の背後には、英国とロシアがいたとも言われています。

大北社は、交渉のなかで
・長崎、大阪、兵庫、横浜、函館といったすべての開港地への海底ケーブルの陸揚げ
・上記の開港地間を結ぶケーブルの建設と沿岸の測量権（瀬戸内海を通す）
などの要求をしてきました。国内を結ぶケーブルを握られてしまっては一大事です。大北社との交渉は、悲壮なものだったでしょう。

それからは、寺島氏の必死の交渉の末、
・長崎－上海線、長崎－ウラジオストック線の2本を設置
・海底ケーブルの陸揚げを長崎と横浜だけにしか認めなかった
・長崎と横浜の両港を結ぶ海底ケーブルの設置を認めたが、瀬戸内海を通過することは拒否。国内の電信線が速やかに完成した際には、大北社による設置を見合わせてもらった
・将来、この海底ケーブルを買収できることを認めさせた

といった結果となりました。陸揚げ地を絞ったこと、瀬戸内海ルートを認めなかったことこそが、寺島氏の大きな功績でしょう。

なぜなら、海底ケーブルの陸揚げ地を長崎と横浜に絞り、長崎と横浜とを結ぶケーブルを九州・四国の南方を通るルートにしたことで、大北社にとって時間とコストがかかることになったからです。

寺島氏は、国内通信の自国開発にこだわりました。「通信主権」という言葉があります。簡単に言えば、自国の制度のもとで通信設備を建築して、サービスを提供する権利です。

国内通信を外国に任せてしまえば、政府や日本企業の情報が他国に筒抜けになってしまう危険があるなど、重大な問題となります。

この通信主権を守るため、日本政府は国内伝送路の完成を急ぎ、1873年4月に東京－長崎間の電報サービスを開始したのです。寺島氏は、当時の日本の技術力や経済力のなかで、最低限の条件を確保したのだと言えるでしょう。

大北社の国内進出を牽制するためにも、政府は通信線の建設を急ピッチで進め、わずか5～6年で北海道から九州までを結ぶ列島横断ルートが完成しました。当時を考えれば、このスピードは驚異的な速さだったと言えます。

かくして、日本の海底ケーブルはつながっていったのです。

長年にわたって失った「通信主権」

ところが1882年（明治15年）、日本は長きにわたって通信主権を失ってしまいます。

朝鮮の、現在のソウルで日本公使館が襲撃された「壬午事変」でアジアとのケーブル設置の必要性を強く感じつつも、技術力や資金の不足によって、長崎－釜山のケーブル設置と引き換えに、大北社に独占権を認める閣議決定をしたのです。

このとき、通信主権を重視していた寺島氏は駐米公使であり、日本にはいませんでした。この「国際通信独占権」の付与は、のちに日本が列強の仲間入りをするに際し、さまざまな足かせとなってしまうことになります。

大北社が日本の国際通信を仕切り、不平等な国際通信の協定に甘んじなければならなかった状態を脱し、各国との平等な協定に基づく日本の国際通信が実現したのは、1969年（昭和44年）になってからのことです。

このときの日本政府の対応は、もちろん批判を浴びることになりましたが、仕方のない面もあったのでしょう。

お伝えしたいのは、いまわたしたちが当たり前のように使っている「通信」ができ上がっていく過程には、国と国との勢力争いがあったこと、そのなかで「通信主権」を守るために奮闘した先人たちがいたことです。

岩倉使節団

ここで、明治初期にアメリカへ渡った岩倉使節団がアメリカから打った電報がどのように、どれくらいの期間をかけて東京に届いたのかをお話しします。

全権大使の岩倉具視を筆頭とし、木戸孝允、大久保利通、伊藤博文などのそうそうたるメンバーが、先進諸国の制度や文化の研究、不平等条約改正の予備交渉のために、1871年12月下旬に横浜港から出発しました。

そして1872年1月17日。使節団の最初の寄港地であるサンフランシスコから長崎県知事宛に売った英文の電報が長崎へ到着しました。長崎にはすでにグレートノーザン電信会社が海底ケーブルを陸揚げしていたので、到着したのは同社の長崎局でした。

その内容をおおまかに翻訳すれば、

「日本大使が無事に到着したことを、政府にお知らせください」

といったものでした。実際に電報を打ったのは、1月16日でした。

当時はまだアメリカと日本を結ぶ太平洋ケーブルはありませんでした。

この電報は、アメリカ大陸を横断して大西洋ケーブルで英国に入り、ヨーロッパからアジアを経て、グレートノーザン電信会社が開通させたばかりの長崎へ届いたのです。

使節団が打った電報が3万キロ以上にも及ぶ距離を1日で渡ったのに対して、この知らせが東京に届いたのは、その10日後の1月27日でした。

3万キロが1日、1000キロが10日という当時の現実

じつは当時、日本国内の電信回線は東京－横浜間と大阪－神戸間だけ（前述の通り、東京－長崎間の電報サービスを開始したのは1873年4月）。長崎から東京へ国際電報を届けたのは「飛脚」でした。

同年の1月14日に東京－長崎間で郵便制度が導入されていましたが、実態は江戸時代の飛脚を整備したものだったのです。

地球の4分の3周にあたる3万キロを渡る所要時間が1日、それに対して長崎から東京の約1000キロの情報伝達が10日。いまの基準で考えればおかしな話ではありますが、当時はそれが現実だったのです。

実際に電報がアメリカから東京（日本政府）へ届いた過程を概観することで、当時の通信事情が何となくわかってきますね。

電信の整備を日本政府が急いだ理由も、感じていただけたのではないでしょうか。

無線～電波に情報を乗せて～

電波の発見と、実用化

電波とは、光と同じ「電磁波」と言われるもののなかで一定の周波数のものです。この電波、いまやわたしたちに欠かせないものとなっています。たとえばテレビやラジオ、携帯電話など、日々の生活やビジネスにおいてとても重要な役割を果たしています。

電波は、1887年にドイツ人のヘルツが発見しました。2つの金属球の間に強い電圧を加えて火花放電を起こすと、近くに置いてある別の2つの金属球の間にも同じような火花放電が発生することに気がついたのです。

目に見えない何かが空中を伝わって別の金属球に届いた。この見えない何かが「電波」でした。

この電波を発見したヘルツという名前は、周波数の単位「ヘルツ（Hz）」として残されていることはご存知の人も多いでしょう。

多くの科学者は、ヘルツが発見した電波を無線通信に使えるのではないかと考えて、さまざまな研究を行い、電波の到達距離を伸ばすことに努めました。

そして1895年、イタリア人のグリエルモ・マルコーニが組み立てた無線通信装置が2・5キロメートルの通信実験に成功したのです。それは、先人たちの技術を巧みにまとめたものだと言われています。

マルコーニの功績は、装置に白銅板のアンテナとアースを備えつけて、微弱な火花放電による電波を十分な電波にして空間に送り出すことに成功したことでしょう。

マルコーニは研究者でありながらもビジネスマンであり、実験の成功後、各国に無線通信会社を設立して、無線通信の分野において世界制覇を目指す活動をしました。

マルコーニのビジネスはかなり強引で、その強引さが日本を無線通信の独自開発に駆り立てたと言っても過言ではありません。

日露戦争で活躍した、国産の無線通信

日本は、イギリスに発注をしていた軍艦のために、マルコーニの会社と電信機購入の交渉をはじめました。ところが、マルコーニ側は購入代金に加えて高額な特許料を要求してきたのです。

かくして日本側は購入を断念することになり、無線電信機の独自開発を進めることになりました。1900年（明治33年）に無線の研究開発を行う委員会が海軍に設置され、研究を重ねた結果、1903年（明治36年）には370キロメートルの無線通信に成功するまでになりました。これが、「三六式無線電信機」と

言われるものです。

明治36年だったことから、「三六式」と呼ばれています。

ロシアとの戦争が避けられない状況になった1903年（明治36年）の年末から、旗艦だった軍艦「三笠」を含む17隻に、無線電信機を設置する作業がはじまりました。そのあと、見張り用の小型艦や陸地の見張所にも無線電信機が設置されたのです。

そして、日露戦争の勝敗を決定づけた、ロシアのバルチック艦隊との「日本海海戦」。これは、まさに日本の運命を分ける戦いでした。

もし1隻でも取り逃がすことがあれば、日本の通商路がロシア艦に破壊され、満州で奮闘していた日本陸軍は補給路を断たれてしまいます。それは日露戦争の敗戦を意味していたのです。

無線を皮切りに大勝利した日本海海戦

日本側は、バルチック艦隊がウラジオストックに入港する前に艦隊を捕捉し、1隻も取り逃がさずに攻撃しなければなりませんでした。バルチック艦隊がどのルートを通るのかわからないなか、対馬から南西の海域を碁盤の目のように無線電信機を積んだ非戦闘用艦73隻を配置しました。

1905年（明治38年）5月27日。信濃丸からの

「敵ノ艦隊見ユ」

という緊急無線を皮切りに、東郷平八郎は全艦に出動を命じたのです。

ちなみに、このときの

「本日天気晴朗ナレドモ波高シ」

という結びで終わる軍艦三笠から軍令部に送られた電文は、司馬遼太郎の『坂の上の雲』で有名な秋山真之が起草したと言われており、名文として語り継がれています。

そして軍艦三笠がバルチック艦隊を発見し、2日間にわたる戦闘がはじまります。戦果は、日本の大勝利に終わりました。

勝因として、秋山真之の卓越した作戦能力ももちろん挙げられますが、無線通信の活用も大きかったでしょう。日本海海戦での無線の使用は、日本の情報通信を語るうえで特筆すべき出来事だったと言えます。

タイタニックと無線通信

日本の歴史からは離れてしまいますが、無線電信の歴史を語るうえで見逃せない出来事があります。映画にもなった、タイタニック号の悲劇です。

1912年4月14日23時40分、濃霧のなかを航行するタイタニック号が巨大な氷山に接触。長さ90メートルにわたって亀裂が生じました。翌4月15日0時15分、遭難信号（CQD：Come Quick Danger、SOS：Save Our Souls）が無線で発せられたのです。

「ＳＯＳ」はそのような言葉の短縮形だったのですね。

ちなみに「ＣＱＤ」は、マルコーニ社が決めた遭難信号であり、「ＳＯＳ」は国際遭難信号です。


タイタニック号の周辺にいた船がこの信号を受信しましたが、大半は１６０キロメートル以上も離れた位置にいたため、すぐに救援に向かうことができませんでした。

最初にカルパチア号という船が遭難場所へ到着したときには、すでにタイタニック号が１５００名余りの乗客とともに沈んでから数時間経っていたと言います。

無線によって救われた命・伝えられた悲劇

このタイタニック号沈没について、無線通信が果たした役割と無線通信のあり方がクローズアップされることになります。

１９１２年４月15日の１時20分、タイタニック号からの乗客救援などを知らせる無線電信を傍受した無線局から、無線や海底ケーブルを通じて短時間のうちにタイタニック号沈没のニュースが世界中に伝わりました。

後日ニューヨークタイムズは、

「無線電信によって７４５人の生命が救われた。魔法のような大気（電波の意）がなかったら、タイタニック号の悲劇は秘密に覆い隠されていた」

という旨の記事を掲載しています。

無線通信によって救われた生命があったこと、タイタニック号の悲劇が世界中に発信されたことは、無線通信が果たした大きな役割だったのでしょう。

制度があってこそ技術はより有効になる

その一方で、タイタニック号の悲劇をきっかけとして、無線通信のあり方が国際的に議論されることになりました。

じつは、タイタニック号の近くを航行していたカリフォルニア号という小型客船が事故の前に大きな氷山を見つけており、タイタニック号へ無線で連絡をして注意を促していました。ところが、タイタニック号はマルコーニ社が建設した無線局との交信に忙殺され、

「邪魔をしないでくれ」

と命じる始末。

その後カリフォルニア号の無線士は長時間の勤務に疲れ、眠ってしまいました。事故が起きたのはそのすぐあとです。

タイタニック号の遭難から3ヵ月後、無線電信会議がロンドンで開催され、マルコーニ社は

「どの電信機であっても交信するよう指示した」

と発表しました。

大きな事故への反省から、運用方針を転換したのでしょう。

そして1914年には、船舶の安全確保や人命救助の諸原則を決めた「海上における人命の安全のための国際条約」、いわゆる「タイタニック条約」が成立。

この条約により、船の構造や救命設備、無線設備などについての国際基準が決定されました。

技術とそれを有効にするための制度、両方が必要だということでしょう。

もう、タイタニック号のような悲劇を繰り返してほしくはありませんね。

電話の歴史

意外なことから発明された、電話

すぐ近くにいない人と話ができる「電話」は、とても有効な通信手段と言えるでしょう。

「電話は苦手…」

という人も、最近は多いとは思いますが…。

電話を発明したのは、グラハム・ベルという人物です。出身はスコットランド。そのあとカナダを経てアメリカに定住しました。じつは彼、通信の専門家ではなく、耳が聞こえない人のための教育者でした。

1876年3月のある日、ベルが2階の実験室で音声を電気の波形に変換する実験をしているとき、誤って蓄電池の希硫酸を服にこぼしてしまい、慌てた彼は「ワトソン君、すぐこっちへ来てくれ。君が必要だ！」

と叫びました。ワトソン君というのは、ベルの助手です。

このときに実験用の電磁石にくっついていた板が振動し、電線でつながっていた地下室の板が振動してベルの声が音になり、地下室にいたワトソンがそれを聞いたということです。音声を電気の信号に変えて電線で送ることに成功したのです。世紀の発明というのは、意外なところから生まれることもあるのですね。

これは知られた話かもしれませんが、同じアメリカのグレイという人物も電話機の研究をしていましたが、ベルのほうが「2時間」早く特許を出願したということで、特許権はベルのものになったそうです。

ベルはこの特許をもとに出資を募り、ベル電話会社を設立しました。この会社は、のちに世界最大の電話会社である「AT&T社」へと発展します。

日本における電話機の導入

ベルが電話を発明した翌年1877年（明治10年）、ベルの電話機2台が日本へ輸入されました。この電話機で工部省（NTTの前身）と宮内省が公開実験を行い、成功に終わりました。

逓信省（当時）による本格的な電話業務がはじまったのは、1890年（明治23年）でした。でも電話機の普及は遅く、1937年（昭和12年）の日本の電話加入数は98万人、電話機は119万台で、人工1000人あたり17台に過ぎませんでした。これはアメリカやイギリス、ドイツなどと比べても、非常に低い数字です。

普及が遅れたのは、回線設備が限られていたため、官公庁などが優先されて、一般家庭が後回しにされたからです。

戦後になってもしばらくは設備が追いつかず、電話を引くまでにはかなりの時間待たされたようです。

電話は「交換手」からはじまり、「自動交換機」へ

ところで、いまは固定電話にしても携帯電話にしても、電話番号にかければ相手に直接つながりますよね。ところが、初期の電話サービスはそのようなものではありませんでした。

では、当時はどのように電話がつながっていたのかと言うと、電話と電話の間に「交換手」と呼ばれる人がいて、その人が電話を相手につなげてくれることで、電話をすることができたのです。

簡単に言えば、交換手に

「Aさんへつなげてください」

と告げることで、交換手はAさんにつなげてくれるしくみでした。ですから、

初期の電話にはダイヤルがありませんでした（若い人からすれば「ダイヤルって何？」と思うかもしれません。いまはスマホの画面に映るボタンですね）。

電話の加入者数がまだ少なかった頃には交換手による取り次ぎも可能でしたが、加入者数や利用回線が増えると、交換手による取り次ぎが追いつかなくなりました。

このような背景から、1926年より徐々に「交換手」に代わる「自動交換機」が導入されていったのです。自動交換機で相手につなぐためには電話番号が必要になり、そこではじめてダイヤルがついた電話機が登場することになりました。

1952年（昭和27年）に日本電信電話公社（電電公社）が発足した当時、市内通話は交換機で自動的につながるようになりましたが、市外通話はまだ交換手による接続が必要でした。

市外通話が交換手を介さずに利用できるようになったのは、県庁所在地級の都市では1967年から、全国に広まったのは1978年からでした。まだ50年も経っていません。意外と最近のことだったのですね。

ところで、電話の自動交換機を発明したのは、じつはアメリカのカンザスシティにあった葬儀屋さんだったという話があります。

あるとき商売がうまくいっていないことを不審に思ったその葬儀屋さんがいろいろ調べてみると、同業者が電話交換手を買収してお客さんからの注文をすべて自分のところにつながせていたことがわかりました。

激怒した葬儀屋さんは、電話局から交換手を締め出すために、自動交換機の開発をはじめたのでした。

このような経緯で完成した交換機は日本にも輸入され、昭和40年代まで主力交換機として活躍する大ヒット商品になったそうです。

ウソのような話ですが、怒りに任せてはじめたことを成果につなげた根性は、ある意味賞賛に値しますね。

「現代（1985年〜）」に移る前の状況

「通信自由化」前の日本の体制について

日本の通信において非常に大きかった出来事は、いわゆる「通信の自由化」、すなわち1985年（昭和60年）日本電信電話公社（電電公社）の民営化、つまり日本電信電話株式会社（NTT）の発足です。ここから、日本の通信は加速度的に発展します。次章で「通信の自由化」後の通信の歴史を解説するにあたっては、「民営化前」がどうだったのかも知っておく必要があるでしょう。

ここで、明治から第二次世界大戦後、日本電信電話公社（電電公社）や国際電信電話株式会社（KDD）の発足に至るまでの流れについて、概略をお話ししておきます。

戦後、1985年まで続いた「独占」体制

1885年（明治18年）12月の内閣創設の際、「逓信省」が発足しました。ここで、近代国家のための社会基盤整備と殖産興業を推進した中央官庁「工部省」から、電信局などを承継しました。

その後1943年（昭和18年）に、戦争中の海陸輸送体制強化を図るため、逓信省と鉄道省を統合して「運輸通信省」となりました。電信や電話の事業は、同省の外局である「通信院」が所管しましたが、戦後間もなく「逓信省」が再設置されました。

なお、第二次世界大戦終結までは国際通信設備の建設や保守を業務とする国策会社「国際電気通信株式会社」というものがありましたが、GHQによって解散させられて、逓信省に移管されました。

そして1949年（昭和24年）、マッカーサーからの書簡による「郵電分離」の勧告に基づいて、逓信省は郵政省と電気通信省に分かれたのです。

電気通信省は、国内・国際電気通信業務を所管することになりました。
その後、国内電気通信業務は1952年（昭和27年）発足の電電公社が、国際電気通信業務は1953年（昭和28年）発足の民間会社であるKDDが受け持つこととなり、電気通信省は解散となったのです。

国際電信電話事業が民間の会社に委ねられたのは、海外の通信事業者との交渉や設備拡充資金の確保などを、国内通信設備の復旧に忙しい公社に任せるのは心もとなかったこと、交渉相手がグレートノーザン電信会社などの民間企業だったことなどが理由のようです。もっとも民間とは言っても、郵政省に影響を強く受ける、極めて公社に近い会社として位置づけられていました。

1985年（昭和60年）の通信自由化まで、このような体制で日本の通信事業は動いていくことになります。

3章

現代

1985年（通信自由化）〜

通信の自由化

通信の自由化が行われた背景

戦後、日本電信電話公社（電電公社　ＮＴＴの前身）は極めて国営に近い公社として、国際電信電話株式会社（ＫＤＤ）は公社に近い特殊会社として、電気通信事業を独占してきました。

独占体制が取られたのは、同地域に複数のネットワークを敷設することは非効率であり料金水準が高くなってしまうこと、膨大な設備投資が必要な通信事業で競争が行われると共倒れになる可能性があることが主な理由でした。

そもそも電電公社が発足してからの当面の目標は、積滞（電話サービスへの加入を長期間待たされる状態）の解消でした。そして長期計画の実行の末、積滞は１９７８年（昭和53年）にやっと解消されました。

この頃から、光ファイバーやマイクロ波回線、通信衛星などの新技術の実用化により、通信事業が独占状態である必要性が弱まり、新たなサービスへのニーズも高まってきました。

一方で当時の日本経済は、１９７３年（昭和48年）のオイルショックをきっかけとする経済成長の鈍化にともない財政状況が悪化していました。

そこで政府は赤字国債の発行による財政出動で景気の安定化を試みたため、巨額の財政赤字が発生。１９８０年代に入ると、オイルショック後の産業構造の変化による財政政策の見直しが行われ、そこで積みあがった財政赤字が問題視され「増税なき財政再建」が要求されるようになりました。

そこで第二次臨時行政調査会の答申に基づいて、行政改革の一環として日本電信電話公社を含む政府直営事業三公社の民営化の方針が決定したのです。方針の骨子には、「競争原理」がありました。

通信自由化による競争原理の導入が、通信の飛躍的な発展に

この「通信自由化」を主導した法案は3つありました。それは、

①NTTの企業活動を規定した「日本電信電話株式会社法」

②電気通信事業の枠組みを定めた「電気通信事業法」

③「関係法律の整備等に関する整備法」

の「電気通信改革3法」と呼ばれるものであり、1984年（昭和59年）12月に可決・成立しました。この法律が施行された翌年4月に通信自由化がスタートして、日本電信電話株式会社（NTT）が発足したのです。

②の電気通信事業法の成立によって廃止になった「公衆電気通信法」では、国内は電電公社、国際において国際電信電話株式会社（KDD）が独占的に事業を提供することを規定していました。

ところが、電気通信事業法の成立で競争原理が導入され、今後の通信の高度化に柔軟に対応した多様なサービスが提供されるような制度が導入されたのです。

具体的には、電気通信事業を電気通信回線設備の設置の有無に応じて第一種と第二種に分けて、第一種電気通信事業へ参入には許可制を採用して、主要な料金について認可制とする一方、第二種電気通信事業については登録又は届出による参入を可能とし、料金規制は設けないというルールになりました。

通信市場に競争が導入された結果、長距離系の第二電電株式会社（ＤＤＩ）・日本テレコム株式会社・日本高速通信株式会社、衛星系の日本通信衛星株式会社及び宇宙通信株式会社、そして国際系の日本国際通信株式会社（ＩＴＪ）及び国際デジタル通信株式会社（ＩＤＣ）などが、第一種電気通信事業（ＮＣＣ）として参入しました。

この「通信自由化」以降、ご存知の通り通信の世界は飛躍的に発展していきます。とくに重要なものは、インターネットと携帯電話でしょう。

以下、この章ではインターネットと携帯電話、モバイル通信、それを支えるインフラの進化などについてお話ししていきます。

海底ケーブルの歴史

最初の海底ケーブルは、マレー半島の樹脂が使用された

現代の通信を語るうえで、インターネットの存在は非常に大きなものです。いまや、世界で半数以上の人が使っていると言われるインターネットですが、商用としてサービスが開始されてから、まだ30年程度しか経っていません。わたしたちがインターネットでいつも世界とつながっているように感じられるのは、海底ケーブルのおかげです。

ここで、現在世界を結んでいる光海底ケーブルに至るまでの歴史を概観してみましょう。

時代を遡って19世紀半ば頃、電信を海外との通信に利用するため、海底に電線を設置する検討がなされました。ところが、電線をそのまま海中に沈めてしまえば、塩分を含んでいる海水は電気の良導体であるため、肝心の電気信号が逃げてしまいます。

そこで、電線を絶縁物で覆って海水が染み込まないようにするために使われたものが、マレー半島で産出される「ガタパーチャ」という樹脂でした。このガタパーチャの産地であるマレー半島は当時イギリスが領有していたため、イギリスが海底通信で優位に立つことになりました。

1850年に英仏海峡で設置されたガタパーチャを使った海底ケーブルは、最初の海底電信として使用されました。次に、1858年にイギリスとアメリカを結ぶ大西洋横断ケーブルが設置。ただし、このケーブルは1ヵ月ほどで切れてしまい、1866年になって、安定した大西洋横断ケーブルが完成しました。

大西洋横断ケーブルの成功によってはじまった大陸間の電信は、20世紀はじめにはほぼ世界中を結ぶ電信網にまで発展したのです。

ちなみにガタパーチャは、第二次世界大戦後にポリエチレンが開発されるまで、100年にもわたって海底ケーブルの絶縁物として使用されていました。第二次世界大戦において日本軍がマレー半島に侵攻したのは、日英同盟終了後にこのガタパーチャが入手困難となっていたことも影響があったのかもしれません。

戦後の海底ケーブル国際協調と同軸ケーブル

第二次世界大戦後、かつて海底ケーブルの陸揚げなどを巡って外交問題が起きたことへの反省から、海底ケーブルの設置は各国の通信事業者が共同で行うという方式が主流になりました。

通信の主流が電信から電話へと移るなか、国際間で高品質の電話の利用が可能になったのは、「同軸ケーブルシステム」というもののおかげでした。同軸ケーブルは、AT&T社が開発したポリエチレン絶縁体などを利用することで実用化されました。この新技術により、電話回線36本の容量でイギリス・アメリカ間を結ぶ第一大西洋ケーブルが設置されたのです。

日本でも、日米を結ぶ新ケーブル設置への期待が高まり、ＫＤＤは１９５７年（昭和32年）からＡＴ＆Ｔ社へ太平洋ケーブルの設置を打診しました。

そして、１９６４年（昭和39年）５月、太平洋横断ケーブル（トランスパシフィックケーブル：ＴＣＰ－１）の工事が完了。６月に開通式が行われ、当時の池田勇人首相とジョンソン大統領がメッセージの交換を行いました。

１９６４年は、第1回の東京オリンピックが行われた年ということで知られていますが、このＴＣＰ－１開通は日本の通信史上とても画期的な出来事だったと言われています。なぜなら、このケーブル１本で当時のＫＤＤが有していた回線数を上回る規模だったからです。

このあと、ＴＣＰ－１に続く二番目の海底同軸ケーブルである日本海ケーブル（ＪＡＳＣ）が、１９６９年（昭和44年）にグレートノーザン電信会社との共同事業として設置されました。このＪＡＳＣの開通により、明治初期から岩倉使節団などの電報を運んできた長崎－ウラジオストック間のケーブルは幕を閉じることになります。

そして、ＴＣＰ－１などの既存ケーブルが満杯になってきたことを受けて、太平洋の新ケーブル設置の検討がなされ、１９７６年（昭和51年）、沖縄を陸揚げ地としてＴＣＰ－２の利用が日豪間で開始されたのです。

同軸ケーブルから光海底ケーブルの時代へ

このような動きがある一方、１９７０年代に入ると国際通信量の増加が顕著になり、同軸ケーブルでも限界があることが明らかになってきました。そんななか、１９７０年にアメリカのコーニング社が開発した光ファイバーに大きな期待が集まりはじめます。

光ファイバー通信は、直径１ミリ以下の細い石英ガラスにレーザー光を通すことで通信を行う方法です。大容量の通信が可能であるうえ、電信で使われた銅線のような信号の減衰も少なく、材料も安いものでした。
ところが、光ファイバー通信を実用化するためには、中継器に使われる半導体レーザーの開発やもろいファイバーを水圧のかかる海底で長期間使えるようにするといった問題解決が必要でした。

ＴＣＰ－１のときはアメリカの技術に頼るしかありませんでしたが、日本は光ファイバー開発で欧米に遅れを取るまいと、電電公社を中心に住友電工、古河電気工業㈱、藤倉電線㈱（現、㈱フジクラ）との光ファイバー共同研究が組織されたのです。「日本連合」と呼ばれた協力関係でした。

ＴＣＰ－１とＴＣＰ－２の通信量が満杯になるなか、各国の通信事業者は１９７８年に同軸ケーブルによる第三太平洋横断ケーブル（ＴＣＰ－３）などの設置に合意しました。ところが、アメリカの連邦通信委員会が衛星通信との兼ね合いで難色を示したため、この計画は一旦ストップします。

その後、ＡＴ＆Ｔ社とＫＤＤは１９８８年（昭和63年）の開通をメドに光ケーブル方式によるＴＣＰ－３などに合意。各国の話し合いにより、ハワイ～グアム～日本というルートとなり、ハワイ～グアムはアメリカ、グアム～日本は日本の技術が採用されたのです。

アメリカとの政治的なやり取りもあったと思いますが、日本の光通信に関する技術が世界トップレベルであったことの結果ではないでしょうか。

そして、１９８９年（平成元年）４月、千葉県千倉町からグアムを経由してハワイに陸揚げされるＴＣＰ－３が開通しました。

なお、ＴＣＰ－１やＴＣＰ－２などの同軸ケーブルは、現在は当初の役割を終えて、地震研究などに転用されているそうです。

光海底ケーブルの進化で、国際通信の99％がケーブル経由に

初期の光海底ケーブルは、途中で減衰した光信号を中継器で一旦電気に変換し

ていましたが、ＫＤＤとＡＴ＆Ｔ社の共同開発により、電気に変換することなく増幅する光直接増幅装置が開発されました。この開発によって、通信容量が大幅にアップすることになります。

その後の技術革新によって、光海底ケーブルの容量は飛躍的に増加していきました。いまでは、国際間の通信の99％がケーブル経由になっていると言われています。

このように、国と国を隔てていた海は光海底ケーブルによって最良の伝送路へと変わり、国際通信料金の低廉化にも大きな役割を果たしました。

そして、インターネットの普及によって、国際間の情報のやり取り飛躍的に容易となったことは、皆さまもご存知のところでしょう。

インターネットの誕生

『第三の波』で予言された、情報革命

いま、わたしたちは「情報化社会」を生きていると言われています。情報化社会の前は、「工業化社会」でした。

わたしに大きな影響を与えたアメリカの未来学者、アルビン・トフラーの著書『第三の波』という１９８０年（昭和55年）に出版された書籍では、「第一の波（新石器時代の農業革命）、第二の波（18世紀の産業革命）に続く第三の波として、情報革命による脱産業社会（情報化社会）が押し寄せる」と唱えています。

モノの生産や加工、運搬、流通が価値を生む工業化社会に対して、情報化社会

では情報の生産や加工、伝達などが価値を生みます。そして、コンピューターが情報の生産と加工を、通信が情報の伝達を担当し、コンピューターと通信が融合した「データ通信」の実現によって、人間社会における広範かつ大量の情報交換や処理機能を大幅に拡大することができるようになりました。

情報化社会以前は、通信ができたのは情報の伝達と分配だけでした。ここに、コンピューターによる情報の蓄積と処理が加わり、高度な情報通信システムができあがっていったのです。

ここで言っている「処理」というのは、音声や文字、図形、画像といった情報を人間や機械が扱いやすい形式に変えたり加工したりすることです。これまで人間が行ってきたものを機械が代行するようになり、より複雑なものをより迅速に、正確に行えるようになりました。

一部の人だけではなく一般の人たちがこのような恩恵を受けられるようになったのは、１９９０年代に入ってパソコンが普及し、インターネットを自由に利用できるようになったからです。これこそ、「情報革命」と呼ばれるものです。

ここでは、インターネットの誕生の歴史を振り返ってみましょう。

「インターネット＝軍事目的」は誤り？

一般的にインターネットは、

「アメリカとソ連の冷戦により、軍事目的ではじまった」

と言われることが多いのですが、中野明さんの著書『ＩＴ全史　情報技術の１５０年を読む』（祥伝社）では、たしかにインターネットは、東西冷戦という時代背景のもとで誕生したが、ソ連による核兵器の脅威から構築されたわけではない、と述べられています。非常に興味深いものであるため、概略を紹介します。

ソ連が１９５７年10月に人工衛星スプートニクの打ち上げに成功し、アメリカは戦々恐々となりました。それは、ソ連が大陸間弾道ミサイルの技術を身につけたことを意味するからです。これを受けてアメリカ政府は１９５８年、国防省内にアメリカを防護する研究をする機関であるＡＲＰＡ（アーパ：高等研究計画局）を設立しました。

その後、ユタ州で謎の爆発が起き、３つの大陸横断電話中継基地が破壊されて、軍事・テレビ・電話回線が不通となりました。わずか３つの電話中継基地が破壊されて軍事回線が不通となったことは、アメリカにとって衝撃的なことでした。

このような事情から、アメリカ国防省はＲＡＮＤ研究所というところに通信ネットワークの研究を依頼したのです。ここで研究されたのは、電信網を使った・コンピューターを使った・デジタル方式のネットワークでした。

送るデータは、「メッセージ・ブロック」と呼ばれるもので、いわば「パケット」でした。パケットという言葉は、同じ時期に研究をしていたイギリスの物理学者が呼んでいたもので、結果的にこのパケットという言葉が定着することになりました。

このアイデアは実現しませんでしたが、現代のインターネットにつながるアイデアだったと言えるでしょう。

インターネットの大元となった「ＡＲＰＡｎｅｔ」

１９６７年、パケット通信を使ったネットワークの研究がはじまり、アメリカの４つの大学や研究機関を接続し、科学者たちがコンピューター上のデータを共有することを目的としたＡＲＰＡｎｅｔ（アーパネット）の運用が開始されました。このＡＲＰＡｎｅｔが、やがてインターネットとなっていくのです。

このように、インターネットの大元となったＡＲＰＡｎｅｔがアメリカ国防省傘下のＡＲＰＡによって開発されたため、軍事目的だったと解釈されているのではないかと思われます。

冷戦下のソ連の脅威も関わっていたことを完全に否定することはできませんが、詳しく見ていくと興味深い事実があるものですね。

ＡＲＰＡｎｅｔの成功に着目した全米科学財団（ＮＳＦ）は、各地のスーパーコンピューターをARPAnetの技術で結ぶNSFnetを構築しました。

NSFnetは全米の大学や研究機関のネットワークを相互に接続して利用できるネットワークであり、ネットワークとネットワークを結んだネットワークという意味で、「インターネットワーキング」、略して「インターネット」と呼ばれるようになりました。

NSFnetは当初、研究や教育目的だけの使用に制限されていましたが、インターネットの利便性が知られるようになると、これを営利目的に使いたいという要望が強くなりました。そして、1990年代に入ると商用インターネットがはじまり、今日に至っています。

日本におけるインターネットのはじまりと発展

日本のインターネットのはじまりは「JUNET」

日本におけるインターネットのはじまりは、JUNET（ジェイユーネット：Japan University NETwork）であると言われています。

JUNETは1984年に東京大学、慶応義塾大学、東京工業大学の3大学を結ぶネットワークとして実験がはじまったものです。

1988年にはJUNETの参加者が中心となり、大学研究者などがインターネットの実験を行うWIDE（ワイド）が発足。

このプロジェクトで構築されたネットワークは、当初は非営利で発展しましたが、接続する組織が急増し、そのままでは対応できなくなりました。

このため、プロジェクトメンバーが中心となって、1992年（平成4年）に日本初の商用インターネットプロバイダーであるIIJが設立されました。1993年（平成5年）に郵政省（現在の総務省）が許可を出し、インターネット接続の商用サービスが開始されたのです。

日本で商用インターネットが許可されたのは、1990年にアメリカで商用インターネットのサービスがはじまったことも大きかったのでしょう。

Windows95により、インターネットが爆発的に普及

インターネットが爆発的に普及するきっかけとなったのは、マイクロソフト社が発売したWindows95でしょう。モデムがインストールされているパソコ

ンでダイヤルアップ接続したり、Ｗｅｂブラウザを使ったりできる機能は、斬新なものでした。

ただし、１９９０年代の後半はインターネットの通信速度が遅く、電話回線で使った分だけお金がかかる従量課金だったため、画像の読み込みに時間がかかったり通信料が高くなったりするなど、使い勝手がいいとは言えませんでした。

インターネットに接続すると家の電話が使えずに家族から文句を言われるなど、いま思えばとても不便さを感じるものでしたね。

そして１９９９年から商用のサービス提供がはじまったＡＤＳＬ（Asymmetric Digital Subscriber Line）は、定額・常時接続であり、これによってインターネットはより安く、より便利に利用できるようになりました。

２０００年（平成12年）には、当時の郵政省がＡＤＳＬサービスに関するルールの整備を行い、２００１年（平成13年）にはより安い料金で高速のサービスが利用できるようになって、ＡＤＳＬの加入者数は増加していったのです。

光回線によるインターネットの高速化

ＡＤＳＬは、従来の電話回線を利用してインターネット接続をする方法でした。
ただし、ＡＤＳＬには
・電気信号を使って通信するため物理的な距離の問題が生じ、インターネットに接続する場所がＮＴＴの基地局から遠方になるほど通信スピードが落ちる
・周辺にある電話回線の影響でノイズを起こしやすい性質があるため、インターネット通信に影響が出やすい
などの課題があったのです。

そのため、
・傍聴されにくい
・電気的なノイズの干渉を受けにくい
・長距離でもデータの劣化が少ない

・高速である

などといったメリットがある光ファイバーケーブルを利用した通信方法が、現在のインターネット利用において主流となっています。

光ファイバー通信の歴史は意外に古く、アメリカのコーニング社が通信用光ファイバーの実用化を発表したのは1970年（昭和45年）です。

日本では1985年（昭和60年）の2月に、北海道の旭川と九州の鹿児島をつなぐ日本初のファイバーケーブル網が整備されました。

その後、1988年（昭和63年）にNTTによってすべての都道府県の県庁所在地に光ケーブルの設置が到達し、まずは通信社がこれを利用することとなりました。

2000年代に入ると技術開発により高速化され、企業向け回線の高速化が進展しました。また、多チャンネルの動画を高速に高品質で配信できる特徴を生かして、ケーブルテレビの幹線部分に使用されるようになっています。

さらに、光ケーブルの低価格化にともない、家庭での普及も拡大しています。

なお、光ケーブルに限らず、日本のインターネット回線は長い間ＮＴＴの一社独占状態でした。

ところが、日本電信電話公社が民営化されてＮＴＴになったとき、いわゆる「通信の自由化」の際に、ＮＴＴの持つ光ケーブルを他社に貸借することが義務づけられたのです。

ＮＴＴの一社独占状態が終わり、新たに通信事業へ参入する事業者がＮＴＴの回線を借りて事業を行うことができるようになりました。

それが、現在まで変わらない状況として続いています。

モバイル端末の時代へ

インターネットの普及には、モバイル端末（携帯電話、スマートフォン）の存在も忘れてはいけません。携帯電話やモバイル通信については別の項でお話ししますが、２０１０年（平成22年）にモバイル端末からのインターネット利用者数がパソコンからの接続数を超えました。
いまや日本でのインターネット利用の主流は、パソコンからモバイル端末へ移行したと言っても過言ではないでしょう。とくにここ数年は、スマートフォンからのSNS利用、ソーシャルゲーム、動画サイトの利用時間が大幅に増加しています。

若い人からすれば、物心ついたときからインターネットのある生活が当たり前なのでしょうが、このように振り返ってみると、ここ数十年の「情報革命」には驚くばかりです。
一方で、インターネット時代となった現在においては、新しい課題が生まれていることもたしかです。

別の項で、インターネット時代の新しい課題について考えていきましょう。

モバイル通信

「5G」の「G」は、「Generation」

携帯電話のテレビCMなどで、「5G」という言葉を耳にします。

ご存知の人も多いと思いますが、「G」とは「Generation」、つまり「世代」のことです。

「5」があるということは、「1」から「4」まで存在するということですね。

ここで、モバイル通信の歴史を「G」の変遷とともにおさらいしておきましょう。

第1世代移動通信システム（1979年〜）

1979年（昭和54年）にNTTの前身である電電公社が、民間用としては世界ではじめてセルラー方式（エリアをある一定の区画＝セル＝に分割し、各セルに基地局を配置する無線通信方式）による自動車電話サービスを開始しました。これが、第1世代移動通信システム（1G）のはじまりです。

1Gのサービスは主に音声通話であり、音声をアナログ変調方式で電波に乗せて送信していました。1Gは、その使用料金の高さなどによって、あまり普及しませんでした。でも、以降の携帯電話の根幹を成す多くの技術が開発されて、移動通信システムの基礎が確立された時期であったと言えるでしょう。

第2世代移動通信システム（1993年〜）

１９９３年（平成5年）から、それまでのアナログ方式に代わってデジタル方式によるサービスが開始されました。これが、第2世代移動通信システム（２Ｇ）です。

２Ｇでのパケット交換技術を用いた通信の実現にともなって、音声通話の伝送のほかに、データ通信サービスも本格的に開始されることとなり、各社から携帯電話向けインターネット接続サービスが提供されたのがこの時期です。

１９９９年（平成11年）にＮＴＴドコモがｉモードを開始したのを皮切りに、携帯データ通信の利用が一気に広がりました。

また、事業者間の競争が激しくなったことにともない、他社との差別化を図るために、端末の多機能化が進んでいきました。

第3世代移動通信システム（2001年～）

２Ｇでは、国や地域ごとに異なる移動通信システムを導入していたために、日本国内で購入した端末が米国や欧州では利用できない状況にありました。そこで第3世代移動通信システム（3G）の策定においては、「全世界で同じ端末を使えること」を目標に標準化作業が進められたのです。

1999年（平成11年）に国際電気通信連合（ITU）において、「IMT－2000（International Mobile Telecommunication 2000）」として複数の技術方式が標準化されました。

IMT－2000という名称は、ITUの3つの目標

①サービス開始時期を西暦2000年にすること
②使用する周波数帯域を2000MHz帯にすること
③最大データ速度を2000kbpsにすること

すべてが、「2000」に関係していたために命名されたと言います。

3Gの特徴として、このはじめての国際標準のほかに、継続的かつ急激な高速化が実施されたことが挙げられます。

第4世代移動通信システム（2010年～）

2007年（平成19年）にApple社が販売開始した「iPhone」をきっかけに、世界的にスマートフォンへの移行がはじまりました。このような状況のなかではじまったのが、第4世代移動通信システム（4G）でした。

4Gは、複数の通信システムを総称した言葉です。ひと言で表現すれば、より大容量になり・通信速度が向上したといったところです。

代表的な通信システムに、「LTE」(Long Term Evolution) があります。将来の4G時代にでも利用できる「長期的な革新技術」として開発されたもので、3Gと4Gとの間に位置する通信規格であり、「3．9G」と言われることもあります。ほとんどの場合、LTEは4Gと同義語とされています。

4Gで通信速度が飛躍的に向上したことで、スムーズなインターネット利用のほか、ゲームや動画など大容量コンテンツを楽しめるようになりました。

第5世代移動通信システム（2020年〜）

5Gのコンセプトは、「高速大容量」「高信頼・低遅延通信」「多数同時接続」の3つです。

4Gが「スマートフォンのためのモバイルネットワーク技術」だとするならば、5Gは「社会を支えるモバイルネットワーク技術」と言われています。あらゆるものがインターネットにつながる「IoT時代」を迎え、幅広いユースケースが想定されるためです。

それを可能にするのが、「高速大容量」「高信頼・低遅延通信」「多数同時接続」という3つの特徴なのです。4Gと比べて通信速度は20倍、遅延は10分の1、同時接続台数は10倍の進化が見込まれ、さまざまなサービスやビジネスでの活用が期待されています。

日本では2020年（令和2年）より段階的に商用サービス開始となりました。

携帯電話の移り変わり（1）～ケイタイ黎明期～

時代を語る、携帯電話の変遷

いま、わたしたちの生活は携帯電話がなければ成り立たないと言ってもいいでしょう。携帯電話がない時代には、たとえば人と待ち合わせをするときに

「○○時ｘｘ分に、渋谷のハチ公前で」

と、同じ駅であっても、細かく時間と目印になるものを確認しなければいけませんでした。ところがいまは、

「○○時くらいに、とりあえず渋谷駅。あとは携帯で連絡するね」

と約束すれば、どうにかなってしまいますね。

恋人に電話するとき。携帯電話がない時代には自宅へ電話しなければいけませんでした。お約束のようにお父さんが電話に出て、

「失礼ですが、うちの娘とはどういう…」

という「壁」を乗り越えなければいけないプレッシャー…。いまとなっては風情を感じるところですが、とても緊張する場面でした。

それと比べれば、いまは本当に便利になったとつくづく感じます。


若い人たちにとっては、物心がついたときには携帯電話がある生活が当たり前なのかもしれませんが、携帯電話が本格的に普及してからまだ30年も経っていません。それだけすさまじいスピードで携帯電話が普及し、発展してきたのだと言えるのです。

少し古いドラマの再放送を観たときに、登場人物が使っている携帯電話でなんとなく時代がわかるのも興味深く感じるところです。


ここで、携帯電話がどのような変遷を経てきたのか、振り返ってみましょう。

わたしたちの年代であれば懐かしく感じられ、若い人たちにとってはもしかすると目新しく感じられるかもしれません。

同時に、これから携帯電話がこれからどのように発展していくのかというヒントになればいいですね。

携帯電話の萌芽は「大阪万博」

まず、電話線とつながっていない「ワイヤレステレホン」が発表されたのは、1970年（昭和45年）に大阪の吹田市で開催された「大阪万博」でした。当時の電電公社が「未来の電話」として展示したワイヤレステレホンを、このパビリオンを訪れた人たちが体験したのです。

このとき、ボタンを押すときに人差し指ではなく親指を使う傾向があるという点が、先々の携帯電話開発のヒントになったと言われています。

そして携帯電話の前身となったのは、1979年（昭和54年）に東京23区内で電電公社がはじめた自動車電話サービスです。自動車に設置したアンテナで、自動車のバッテリーを電源としていました。このときは電話を車の外へ持ち出すことはできませんでしたので、まだ「携帯」とは言えないものでした。

最初の携帯電話は、重さ3キログラム！

そして1985年（昭和60年）、電電公社から民営化したNTTが、はじめて自動車の外へ持ち出しができる車外兼用型自動車電話「ショルダーフォン100型」のサービスを開始しました。発売前に発生した日航機墜落事故の救助活動でも活用されたそうです。

このショルダーフォン、普段は車に搭載しておき、必要なときには肩掛けがついた端末を持ち歩くスタイルでした。なんと重さは3キログラム！　まだバッテリー性能が低く、連続通話時間は約40分だけ。

それだけではなく、本体の価格が保証金約20万円（当時はまだレンタルでした）、通話料金が1分で100円、月額の基本料金が2万円以上と非常に高額でした。

これだけのコストをかけて使う人はほんの一部であり、あまり普及はしませんでした。

はじめてハンディタイプの携帯電話が登場したのは1987年（昭和62年）です（TZ－802型）。ショルダーフォンと比べれば多少コンパクトにはなりましたが、重さは約900グラム。連続通話時間は約60分でした。

1988年（昭和63年）には、KDDIの前身であるIDO（日本移動通信）が東京23区で携帯電話サービスを開始し、NTTの独占が崩れます。日本経済がバブルの絶頂だったことも相まって、携帯電話の文化が花開いていくことになりました。

1990年代に入り、携帯電話のスリム化が進んでいきます。1991年（平成3年）にはNTTがムーバを発表して、わたしたちが見覚えのある形に近づいていきました。

携帯電話の移り変わり（2）
～時代のあだ花「ポケベル」「ピッチ」～

女子高生が公衆電話に並んだ「ポケベル」

1990年代の前半は、携帯電話は多くの人にはまだ遠い存在であり、「ポケベル（ポケットベル）」が主流の時代でした。ポケベルは、当時は職場や自宅でなければ電話ができない時代のなか、主に外回りの営業担当者を呼び出すためのツールとして使われていました。「〝ピーピーピー〟と音が鳴る⇒公衆電話から会社へ電話」という流れ、懐かしく感じる人もいるでしょう。このポケベル、当初はメッセージの送信ができませんでしたが、1987年（昭和62年）に端末に数字を表示できる機能が追加されたことから、急速に普及が進んだのです。

1993年（平成5年）には、『ポケベルが鳴らなくて』という社会現象にもなったドラマが流行ったのを覚えている人もいるのではないでしょうか。このドラマをきっかけにして、ポケベルは女子高生にまで広がりました。

休み時間になると公衆電話に並び、「49（至急）」「4649（よろしく）」「999（サンキュー）」「11410６（愛してる）」などの語呂合わせによる、思い思いのメッセージを送っていたのです。

ポケベルは、次に述べるPHSへの移行や1997年（平成9年）にNTTドコモが開始した携帯電話でのショートメールサービス（SMS）によって、すぐに返信ができる携帯電話などに移行する動きが加速。事業者のサービス撤退も相次ぎ、国内で唯一サービス提供を継続していた東京テレメッセージも2019年（平成31年）9月末に個人向けのサービスを終了しました。

懐かしい人には懐かしい、「ピッチ」

ここで「ピッチ」と呼ばれたPHS（Personal Handy Phone System）につい

ても触れることにしましょう。

PHSのサービスがはじまったのは、1995年（平成7年）。広いエリアをカバーできる電波を基盤としていた携帯電話とは異なり、PHSは一般電話回線から専用アンテナを介して通信を行うものだったため、ひとつの基地局がカバーする通信の範囲は半径500m程度の狭い区域に限定されていました。

でも、インフラを構築するコストが低かったため、携帯電話よりも安い料金で提供できたこともあり、とくに若年層で広まりました。


ところが、思ったほど基地局の整備が進まず、都市部でも圏外となるエリアが多かったこと、携帯電話の料金が下がり、多機能化も進んだことで、契約数は減少していくことになります。

2021年（令和3年）1月末、テレメトリング（遠隔地にある計測器などのデータを収集するシステム）などを除いた一般的なPHSサービスは終了しました。

ポケベルやPHSが淘汰されていったことは、時代や技術の変化による栄枯盛衰を感じます。寂しくもありますが、これも世の常なのかもしれません。

携帯電話の移り変わり（3）～爆発的普及からスマホへ～

携帯電話の爆発的普及と携帯電話のインターネットサービス開始

「ポケベル」「ピッチ」と少し話が横道に逸れましたが、携帯電話が爆発的に普及するきっかけになった大きな要因は2つでしょう。

まずは、1994年（平成6年）に端末の買い取り制度がはじまったこと。いまでは利用者による端末の所有が当たり前になっていますが、当初の携帯電話の端末はレンタルのみでした。

そして、1996年（平成8年）に携帯電話の料金認可制が廃止されたことも大きな要因です。制度改革によって競争が加速したことで料金が下がり、より魅力的な端末を各メーカーが競って発売するようになったことが、携帯電話の普及を後押しする要因となったのです。

料金の低下や端末の多様化によって携帯電話の普及が進み、電話番号が不足してきました。そこで１９９９年（平成11年）１月１日に、携帯電話とＰＨＳの電話番号がそれまでの10桁から11桁へと変更されたのです。

同じ年、ＮＴＴドコモによる携帯電話対応のインターネット接続サービス「ｉモード」が登場しました。ＫＤＤＩ／沖縄セルラー電話やＪ－ＰＨＯＮＥ（現ソフトバンク）も、同様のサービスで追随しました。この携帯電話対応のインターネット接続サービスによって、インターネットメールや、銀行振り込み、ライブチケットの購入などのオンラインサービスが携帯電話で利用可能となったのです。

これ以降、携帯電話はただ通話をするだけではなく、カメラ、おサイフケータイ、ワンセグ視聴など、さまざまな機能を搭載するようになっていきます。わたしたちがいま使っている「携帯電話」の原型がこの時期に完成していったのです。

多機能化した「ガラケー」

２０００年（平成12年）にＪ－ＰＨＯＮＥが世界に先駆けて携帯電話端末にカメラを搭載し、撮影した画像を電子メールに添付して送信する機能を提供しました。いわゆる「写メ」ですね。携帯電話の画素数も、デジタルカメラと遜色ないレベルになっていきました。

また、２００１年（平成13年）には、携帯電話で実行ができるＪａｖａを使用したアプリケーションサービス「ｉアプリサービス」がはじまり、携帯電話端末でゲームなどの多様なコンテンツを楽しめるようになりました。

２００５年（平成17年）には、「おサイフケータイ」のサービスが開始されました。電子決済に限らず、定期券や航空券、会員証やポイントカードなど、財布に入るものすべてを一台の携帯電話端末で済ませるというコンセプトが打ち出されたのです。

２００６年（平成18年）には、音楽再生チップ（Ｍｏｂｉｌｅ　Ｍｕｓｉｃ

Ｅｎｈａｎｃｅｒ）を内蔵したソニー・エリクソン製の携帯電話端末が発売されました。音楽データ保存用に１ＧＢの専用メモリが搭載されていて、携帯電話端末による30時間の連続音楽再生が可能になったのです。

２００４年（平成16年）にはｉモードサービスが使い放題になるパケット定額制の「パケ・ホーダイ」が開始されました。「パケ・ホーダイ」の前は、通信量に応じて料金が発生する従量課金制でしたので、データ通信量の増加にともない高額な利用料を払わなければいけませんでした。そんななか、定額制である「パケ・ホーダイ」が登場したことで、通信量を気にせずにサービスを楽しむことができるようになったのです。

このように日進月歩で携帯電話は日本独自の進化を遂げたのですが、一方で世界の端末市場では通用しなくなっていきました。日本の多機能な携帯電話端末は「ガラパゴスケータイ（ガラケー）」とも呼ばれるようになっていったのです。

パソコンに近い機能を持つ「スマホ」の時代へ

日本で多機能な独自の携帯電話が生まれるなか、海外ではよりパソコンに近い携帯電話が開発されました。このような端末は「スマートフォン」と呼ばれるようになります。２００７年（平成19年）にＡｐｐｌｅ社が発表した「ｉＰｈｏｎｅ」は、とても革新的な端末でした。

ｉＰｈｏｎｅがそのデザイン性の高さと使いやすさによって人気を得て、世界的にスマートフォンへの移行がはじまりました。２００８年（平成20年）に発表された「ｉＰｈｏｎｅ　３Ｇ」は、日本でもソフトバンクモバイル（現ソフトバンク）により販売が開始され、２００９年（平成21年）にはＡｎｄｒｏｉｄ対応のスマートフォンも発売されました。

スマートフォンは、数多くの「アプリ」からユーザーが選択することが可能になったことや、インターネットの閲覧がパソコンとほぼ同じレベルで利用できるようになったことから、普及が進みました。

２０１１年（平成23年）に発表された「ｉＰｈｏｎｅ　４Ｓ」からはａｕもｉＰｈｏｎｅシリーズの販売を開始し、２０１３年（平成25年）に発表された「ｉＰｈｏｎｅ　５ｓ／５ｃ」からはＮＴＴドコモも販売するようになったため、スマートフォンの利用はますます拡大し、現在に至っています。

インターネット時代の新しい課題

インターネットが国家間の情報覇権を巡る争いになり得る

１９８０年代の通信自由化やインターネットに代表される情報革命により、わたしたちの生活は大きく様変わりしました。

インターネットが世界的に普及するなかで、サイバー空間のガバナンスのあり方と国際秩序に関して、さまざまな国際機関や国際会合で議論が繰り広げられています。ビジネスの面においても、この「第4次産業革命」を迎えたいま、国益と国益のぶつかり合いや対立が顕在化しているのです。

２０１３年のスノーデン事件によって、アメリカがインターネットを世界通信監視システムとして利用していることが明らかにされました。

アメリカの米国国家安全保障局（ＮＳＡ）がプライバシーや国家主権、通信の秘密など関係なく、アメリカの主要ＩＴ企業の協力のもと、ほとんどすべての通信ネットワークから膨大なデータを傍受し、解読し分析し貯蔵していたとのことです。主要ＩＴ企業とは、Ｍｉｃｒｏｓｏｆｔ、Ｇｏｏｇｌｅ、Ｙａｈｏｏ、Ｆａｃｅｂｏｏｋ、Ａｐｐｌｅ、ＹｏｕＴｕｂｅなどです。

それだけではなく、同盟国の首相や日本を含む38の大使館・代表部の通信を傍受し、ネット上の秘密を担保する暗号化のアルゴリズムや技術のほとんどを回避あるいは解読していたと言います。


インターネットは自由で国境のない世界であるという幻想の裏に隠れて、アメリカの情報ツールとしての役割を拡大してきたことが、世界中の一般市民にまで暴露されてしまったのです。

戦前は、海底ケーブルや無線通信によって、いかに物理的に通信分野の覇権を握るかが国家間で争われてきました。

インターネットが全盛となった現在は、サイバー空間の国際秩序づくりが求められていくでしょう。

インターネットの利用には、問題を孕んでいる

インターネットは従来のメディアにはない特徴を持っているため、情報の流通においてもさまざまな問題を有しています。たとえば、

・個人の情報発信が容易である反面、発信者側に倫理的な自己規制が働かないこともあること
・発信者に匿名性があり、違法な情報発信が行われる可能性があること
・違法な情報を流すサーバーを削除しても、別のサーバーに容易にコピーできるため、情報は流通し続ける可能性があること
・国によって法律の違いがあるために、ある国で違法とされた情報も、別の国では合法的なものとして情報流通し続けること
・あるプロバイダーが違法な情報流通の制限を行っても、ほかのプロバイダーを

使って違法な情報流通が存続する可能性があること

などが挙げられます。

便利さと課題は表裏一体です。

便利なツールを使っていくためには、利用する個人のモラルが求められる一方で、時代の変化と合わせて国際的な協調も必要となるでしょう。

インターネットが安心・安全の空間になるためには、解決するべき課題がまだまだ存在すると言えるのではないでしょうか。

終章

通信の未来

～エピローグ～

五感通信

「通信の未来」を考えてみよう

いよいよ、最後の章になりました。

ここまでは、古代から現代に至るまでの日本の情報通信の歴史についてお話ししてきました。

一方で、これからの情報通信はどのようになっていくのでしょうか？

考えるだけでもワクワクしてきます。

最後は「通信の未来」について、私見も交えてお話ししたいと思います。これをひとつのヒントに、いろいろな通信の未来を思い描いていただければ幸いです。

「6G」では、「触覚」「嗅覚」「味覚」が主眼になる？

さて、移動通信システムは概ね10年ごとに世代交代しています。5G（第五世代移動通信システム）は2020年に普及がスタートしていて、2030年頃には6Gが導入されると言われています。

5Gで出遅れた日本は、6Gにおいて世界の主導権を握るべく官民を挙げて取り組んでいるところです。ぜひ移動通信システムの覇権を再び取り戻してもらいたいものです。

現時点で考えられる、人類が目標とすべき究極の通信システムは、「五感通信」ではないでしょうか。従来の情報通信は、電話やラジオのように「聴覚」に訴えるもの、テレビやインターネットのように視覚（＋聴覚）に訴えるものに限定させてきました。一方で、「触覚」「嗅覚」「味覚」を利用した情報通信は、いまだ実現していません。

この3つの感覚のうち、「触感」については研究が進んでおり、早ければ6Gが導入される2030年頃には部分的に実現する可能性もあると言われています。

では「嗅覚」や「味覚」はどうでしょうか？

嗅覚通信や味覚通信は、触覚通信と比べて、より実現が難しいとされています。この実現には脳の研究が進み、脳に嗅覚や味覚の刺激を直接伝える方法が考えられるようですが、そのためには、脳科学のさらなる進歩が必要となってくるでしょう。

いつ実現するかは予測が難しいのですが、おそらく数十年後には形になっているのではないでしょうか。そのときには、人類は新しい時代に突入していくような気がするのです。

六感通信？

「シックスセンス」も、今後の研究テーマかもしれない

いわゆる第六感、シックスセンスというのは五感以外のものであり、五感を超える感知能力を言います。「霊感」とも言い換えられるでしょう。

わたしは、霊感は誰でも持っていると考えていますが、その能力は人によって極端な差があるとも考えています。同じ人であっても、子どもの頃に発達していた霊感が、大人になると失われる可能性もあり得ます。

また、人類は文明化とともに霊感を失っていったとも言われています。

たとえば、明治維新による近代化にともない、日本人はその霊感をかなり失っ

てしまったのではないかと思うのです。

それでも序章でお話ししたように、日本文明はほかの文明とは異なり、断絶することなく連続して発展してきた文明です。日本人は相対的に、いまでも霊感を強く持っていると言えるのではないでしょうか。

あくまでも私見ですが、日本人は少なくとも先進国のなかではもっとも霊性の高い民族だと思われます。


霊感というと、オカルトのように思われ、否定的な感情を持つ人もいるでしょう。でも、人類は「祈る」という行為を通じて、多かれ少なかれ霊感とともに生存しているではありませんか。

霊感通信は、「テレパシー」と言ったほうがピンとくるかもしれません。テレパシーの存在を信じる人もいれば、信じない人もいるでしょう。ただ、「テレパシー能力はたしかに存在する」

と言う人がいることも事実です。

残念ながらわたしには霊感はほとんどありませんし、テレパシー能力もないと思っています。でも、わたしにも「直感」で何かを感じることはあります。直感も霊感の一部だと考えれば、わたしにも霊感はあることになりますし、誰でも霊感を持っていることになるでしょう。

先人の土台をもとに、わたしたちが新たな歴史をつくろう

霊感やテレパシーの専門家ではありませんが、これからの脳科学や生理学、物理学などの分野における発見によって、テレパシーの研究が進み、誰でもテレパシーが使えるようになり、人類が新しい段階へ進化することもあり得るのではないかとひそかに期待しています。

突拍子もない話ですが、そのような未来を想像するとワクワクする自分がいるのも事実です。

未来をつくっていくのは、誰でもないわたしたちです。先人たちがつくってくださった土台をもとに、新たな通信の歴史をつくっていこうではありませんか。

おわりに

本書を最後まで読んでいただき、ありがとうございました。

わたしは学生時代にアルビン・トフラーの「第3の波」を読み、強い衝撃を受けました。

この本を要約すると、

「人類は農業革命、工業革命、そしてこれから情報革命という3つの波により社会が変革していく」

というものでした。

その影響もあって、わたしは大学卒業後に、あるソフトウェア企業に就職しました。田舎の両親に就職の報告をしたところ、息子がよくわからない会社に就職したと思い、がっかりされたことをよく覚えています。

わたしの兄が財閥系の銀行に勤めていたこともあり、わたしもそれなりの会社には就職すると思っていたようです。わたしは両親にソフトウェアやこれからの情報化社会について話しましたが、まったく理解してもらえませんでした。

その後、縁あって通信系の企業の経営を任されることになりました。正直に言うと、そのときはまだ通信の重要性に気づいていませんでした。

それから年々進化していく通信技術に接していくうちに、通信は人間社会にとって、もっとも重要な社会インフラであることを実感するようになっていったのです。

情報通信技術（ＩＣＴ）は飛躍的に進化しており、これからどのように進化し、どのような革命を起こすことになるのかということは、わたしたちの想像をはるかに超えたものになるでしょう。現在の情報通信革命はまだまだ初歩的なもので、真の革命はこれから起こるはずです。

序章であえて日本文明という用語を使いましたが、もっとも成熟した文明を持つ日本から未来の真の情報通信革命が起こることを、わたしは確信しています。

このたび出版というご縁をいただくことができたのは、編集の星野友絵さんをはじめ出版に関わっていただいたすべての方々のおかげです。そしてもちろん、仕事上お世話になっている取引先の皆さま、いつも頑張ってくれている社員の皆さん、そのほかお世話になった方々、そしてここまで支えてくれた家族のおかげです。本当にありがとうございます。

そして、感謝を伝えたい人がもうひとりいます。
それは、昨年末に亡くなった母です。
母には、いろいろ迷惑をかけてきました。この出来の悪い息子をいつも優しく見守ってくれた母に、本書を捧げたいと思います。

２０２１年10月　玉原輝基

【参考文献】

『情報と通信の文化史』星名定雄・法政大学出版局
『ＩＴ全史　情報技術の２５０年を読む』中野明・祥伝社
『通信の世紀　情報技術と国家戦略の一五〇年史』大野哲弥・新潮選書
『情報通信技術はどのように発達してきたのか』井上伸雄・ベレ出版
『よくわかる情報通信　歴史から通信のしくみ、ＩｏＴまで』高作義明・ＰＨＰ研究所
『江戸の飛脚　人と馬による情報通信史』巻島隆・教育評論社
『道が語る古代日本史』近江俊秀・朝日新聞出版
『道路の日本史』武部健一・中公新書
『近代日本の社会と交通５　通信と地域社会』藤井信幸・日本経済評論社
『進化し続ける携帯電話技術』金武完ほか・国書刊行会
『図説　江戸の学び』市川寛明ほか・河出書房新社
『江戸の子育て読本　世界が驚いた！「読み・書き・そろばん」と「しつけ」』小泉吉永・小学館
『藩校　人を育てる伝統と風土』村山吉廣・明治書院

玉原 輝基（たまはら・てるき）
1959年広島県生まれ。
大学卒業後NECソフト㈱に入社。
その後㈱CSKにおいてシステム開発やAIの企画・営業に従事。
2006年関東通信工業㈱代表取締役に就任。
同社は1984年に創業。
通信回線、通信機器、オンラインツールの販売やITサービス事業など
ICT全般にわたる事業を行っている。

古代《こだい》から現代《げんだい》までを読《よ》み解《と》く
通信《つうしん》の日本史《にほんし》

玉原輝基《たまはらてるき》著

2021年10月26日　初版発行

発行者　磐﨑文彰
発行所　株式会社かざひの文庫
〒110-0002　東京都台東区上野桜木2-16-21
電話／FAX 03(6322)3231
e-mail:company@kazahinobunko.com　http://www.kazahinobunko.com
発売元　太陽出版
〒113-0033　東京都文京区本郷3-43-8-101
電話03(3814)0471　FAX 03(3814)2366
e-mail:info@taiyoshuppan.net　http://www.taiyoshuppan.net
印刷・製本　株式会社光邦
企画・構成・編集　星野友絵・牧内大助（silas consulting）
装丁　重原 隆
DTP　宮島和幸（KM-Factory）

ISBN978-4-86723-058-9